麻省理工學院數據長
與資訊品質研究計畫

# 數據長與
# 數據驅動型組織

## 擁抱大數據時代的衝擊

葉宏謨 鄭伯壎 王盈裕 著

五南圖書出版公司 印行

「百年以後，

如果你不想被人們遺忘，

要不寫下值得傳世的閱讀作品，

要不就是做一些值得著墨的事蹟。」


——班傑明‧富蘭克林

這本書獻給提供乾淨資料的數據長們，
乾淨的資料就如同我們習以爲常的乾淨的水和乾淨的空氣一樣重要。

# 葉序

　　數據和資料是同義詞，本書內容凡是提到數據或資料，都代表相同的意義。資料（Data）是客觀的存在，是看得到、可加工處理的東西；資訊（Information）則是主觀的存在，因人而異，是人在接受資料後在其心中產生的認知（Recognition）的變化。例如，企業的財務報告是資料，會計師看了以後會和他的長期記憶（Long Term Memory）作比較，心中會產生資訊，「認知」這個公司的營運狀況，但在醫生眼裡，卻無法產生任何資訊。同樣的，一張X光片，醫生看了後會在心中產生資訊，但給會計師看就無法產生資訊。

　　組織的資訊系統或ERP系統將資料處理成較能為使用者帶來資訊的形式（仍然是資料，但本書有時會直接稱為資訊），以利管理或作業的執行，負責這件事的主管稱為資訊長（CIO），而數據長（CDO）和資訊長又有什麼差別呢？

　　組織中的不同層級需要不同的資料，基層主管或一般員工需要的是作業面的資料，中階主管需要的是管理面的資料，高階主管需要的則是決策面的資料。越是基層的主管所需資料越是內部的日常交易資料，越高階的主管所需資料越是彙總的、非例行的、內外部的資料。所以，我們可以概略地說，作業面或管理面的資料由CIO負責，決策面的資料由CDO負責；CIO負責的資料全在組織的ERP系統中，CDO負責的資料除了來自ERP系統外，尚包括組織的外部資料。細部論述讀者可參考本書第六章及第九章。

　　CIO負責的資訊系統功能是重複性的，操作起來必須方便、友善、美觀，可以依照軟體工程的步驟開規格、編寫程式、測試程式、部署程式。CDO負責的資訊系統功能是非重複性的，很多程式可能只用一次，所以重點是「速度」，必須快速的整合資料，為高階主管產生需要的資訊，且通常由CDO辦公室協助高階主管的祕書或助理寫程式查詢資料（不會更動資料），產生報表直接呈現給高階主管，所以沒有嚴謹的規格、編碼、測試SOP，也不必考慮美觀和操作方便性，重點是要快。CIO負責的系統功能可

以事先寫好程式，CDO負責的系統功能則必須臨時、快速的寫程式。這個快速程式開發的方法，讀者可參考本書第七章及第八章。

　　CDO的主要資料來源是CIO所負責的資訊系統，故CDO也負有資料品質監控的責任，如同工廠品管單位負責監控生產單位製造出來的產品品質一樣。但資料品質不能頭痛醫頭、腳痛醫腳，所以CDO必須制定資料政策、落實資料治理，以及監控CIO的資料品質。詳細內容讀者可參考本書第三、四、五章。

　　CDO在臺灣尚在萌芽階段，王盈裕教授在MIT已推動多年，希望本書有助於在臺灣推動CDO的觀念和實務，為臺灣企業創造更多的護國神山。

葉宏謨

國立臺灣大學電機資訊學院教授
天主教輔仁大學資訊管理學系講座教授

# 王序

在快速演化的數據驅動及大數據時代，組織必須建立數據長並賦予遍及全企業的角色與職責。數據長辦公室在保持政治中立的同時，必須具備策略願景、技術能力、商業知識、交際手腕和政治思想。上述優勢能讓數據長為企業帶來商業價值與乾淨的資料。

作為組織中最資深的資料領導者，數據長必須與資訊長（CIO）緊密配合。常言道，沒有資訊長（CIO）的支持，數據長的「Career Is Over」。即使沒有更重要也是同等重要的，數據長必須將資料策略映射到資料分析策略與商務策略。數據長的職責是從商務的角度，向高階主管闡明資料能帶來的利益，並獲得高階主管們的支持，從而建立和實施公司資料策略，適時與資訊長協同掌控組織內部資料、外部資料（例如：第三方資料）及公共資源（例如：網路和社交媒體），並如同公司資產般管理資料。

那些賦予數據長主導權的組織將擁有抵禦競爭對手的強力壁壘。數據長尚在成形階段，其角色、職責和匯報結構仍在快速變化中。但報酬很豐厚，包括提高市占率、提升投資回報率（ROI）、增加收入、降低成本與提升公司形象。

基於長年累積的研究結果、產業界的實踐、麻省理工學院數據長與資訊品質研究計畫的認證課程，本書旨在幫助組織建立數據長辦公室、提供數據長職能的基礎知識，並為組織提供數據長部署的步驟圖。

本書因為有三位共同作者，版權所有人為：第一章至第六章之版權為王盈裕教授擔任主任的麻省理工學院數據長和資訊品質計畫所有，第七章和第八章之版權為葉宏謨教授所有，第九章之版權為鄭伯壎教授所有，第十章之版權為王盈裕教授和葉宏謨教授所有。

　　數十年來，許多同事以各種方式為本書做出無私的貢獻。我由衷地對所有人表示感謝。謝謝你。

*Richard Y. Wang*

Director, MIT CDO & Information Quality Program

Professor & iCDO Executive Director, UA Little Rock

Former Deputy CDO, US Army, Pentagon

Former CDO, State of Arkansas

rwang@mit.edu

# 致謝

王盈裕教授是我1975級臺大電機系的同學，他請我撰寫這篇致謝文。王教授在美國麻省理工學院向全球推動「數據長與資訊品質計畫」（MIT CDOIQ）已經十四年。2018年11月1日王教授在臺大電機資訊學院，張耀文院長和院內同事，以及多位1975級臺大電機系同學的協助下，在臺大成立「數據長在臺灣」（CDO In Taiwan），舉辦研討會及認證課程。數據長在全世界仍然處於萌芽階段，國內學界和企業界對數據長也相當的陌生。為了推廣數據長的觀念並落實在實際的管理決策活動中，王盈裕教授、鄭伯壎教授（他是王教授高中同學，臺大心理系1975級）和我決定集結各人著作，重新撰寫成《數據長與數據驅動型組織》一書，希望對推動數據驅動型組織（Data Driven Organization）有所幫助。

本書撰寫期間，感謝臺大電機資訊學院張耀文院長、臺大資料科學學位學程主任黃俊郎教授、東海大學景觀系原友蘭副教授、中央研究院何之行研究員、正在MIT作研究的郭彥伶研究員、「數據長在臺灣」的劉雨鑫工程師和張立忻老師、東吳大學巨量資料管理學院胡筱薇副教授，以及陳添枝博士、吳聰敏博士、陳博修博士等多位1975級臺大電機系同學的協助。沒有他們，就沒有本書。

本書稿酬將用於在臺灣推動CDO的理論與實務，本書尤其要感謝以下團隊成員無私之編著及翻譯：
- 第一章：王盈裕著，原友蘭譯
- 第二章：王盈裕著，張立忻譯
- 第三章：王盈裕著，原友蘭譯
- 第四章：王盈裕著，原友蘭譯
- 第五章：引用王盈裕著，《邁向資料品質的征程》
- 第六章：引用王盈裕著，《在大數據時代獲得成功：數據長的一個立方體框架》
- 第七章：葉宏謨著

- 第八章：葉宏謨著
- 第九章：鄭伯壎著
- 第十章：葉宏謨、王盈裕著，郭彥伶譯
- 附錄A：葉宏謨著
- 附錄B：葉宏謨著
- 總編輯：葉宏謨

　　本書付梓後，希望爲國內各企業推動數據長職能，並轉型爲數據驅動型組織提供一盞明燈。

葉宏謨

國立臺灣大學電機資訊學院教授
天主教輔仁大學資訊管理學系講座教授

# 作者簡介

## 葉宏謨

現任寶盛數位科技總經理、臺灣大學電機資訊學院
教授、輔仁大學管理學院講座教授。畢業於國立臺
灣大學電機工程學系，並從國立交通大學管理科學
研究所取得碩士、博士學位。擁有美國產業管理學
會（APICS）頒發之CPIM證照，三度榮獲傑出研
究成果獎，所開發之SOA-ERP雲端服務於2010年榮
獲資訊工業策進會選為臺灣旗艦級雲端服務。

1981年進入輔仁大學資訊管理學系任教，曾擔任該系系主任。1996年至
2001年在加拿大多倫多大學Rotman School of Management擔任客座教授。
2002年至2003年獲聘為加拿大多倫多大學機械與工業工程系客座研究員，
與美、加兩國教授合作進行研究。2003年開始協助寶盛數位科技研發服務
導向架構（SOA）及雲端計算，2013年開發完成SOA-ERP雲端服務並取
得專利。

除了學術界，亦曾服務於產業界，擔任過華王公司經理，管理日立家電冰
箱廠；復盛集團副總經理，建立彈性製造系統及無人化工廠；矽品精密工
業公司顧問，輔導流程再造，建立企業架構，並導入ERP系統；寶盛數位
科技總經理，輔導過的案例包括：史泰博（Staples）、喜憨兒基金會、恩
主公醫院等。

## 鄭伯壎

臺灣組織行爲與領導研究領域的開拓者，現任
國立臺灣大學心理學系終身特聘教授、傅斯年
紀念講座教授，曾任臺灣大學心理學系系主任
暨研究所所長、台灣心理學會理事長、國科會
心理學門召集人，也是臺灣工商心理學學會的
創會理事長。

他在國立臺灣大學心理學系暨研究所取得博士
學位，並於美國加州大學柏克萊分校工業關係
研究所進行博士後研究；且擔任過英國劍橋大學管理學院與法國歐洲管理
學院（INSEAD）訪問教授，其專長爲組織行爲、工商心理學及華人組織
與管理，尤其著重在領導統御、組織文化及組織轉型上。

他的研究成果頗獲社會肯定，曾榮獲教育部學術獎、國科會（科技部）傑
出研究獎、Journal of Management最高引註獎，並以家長式領導的理論模
式在國際學術界享有盛名；其產學合作經驗亦十分豐富，合作對象包括臺
灣飛利浦、飛利浦亞太總部、壯生、聯合利華、台灣應用材料等全球化企
業，以及宏碁、聯華電子、華邦電子、中華汽車、裕隆汽車、上海商銀及
信義房屋等本地大型企業。

## 王盈裕

王盈裕（Richard Y. Wang）是數據長與資訊品質的先驅與指標性人物。畢業於MIT史隆管理學院並以教授的身分在該校任職近十年。先後成立MIT數據長與資訊品質研究計畫與國際資訊品質年會，為企業界資訊品質的實踐者創造互助共贏的環境，也提供在學術界鑽研的學者們一個發光發熱的舞臺。

近年來還在阿肯色州創立數據長研究院（iCDO），
透過專業的指導與嚴謹的課程來培育在擷取資訊方面的運用專家。除了在學術界的成就外，不僅被美國陸軍以代理資訊官徵招，也曾任阿肯色州的州數據長。

王教授在2005年榮獲DAMA國際成就獎，同年還收到了中央情報局局長的感謝證書與國家情報總監的感謝信。王教授於2009-2011年曾擔任美國陸軍副數據長及數據品質長，為此也收到了陸軍CIO和國防部CIO頒發的感謝信。

# 目 錄

# 第一章

# 簡　介

**"The business of Chief Data Officers is business."**

-Richard Y. Wang

　　沒有人會否認空氣對人的重要性，失去了空氣人必無法生存，吸到髒空氣，不死也半條命。資料（即數據）對企業而言，正如空氣之於人一樣。人呼吸空氣，循環系統將空氣中的氧氣帶到身體各器官，支持人的生命，資訊系統將資料送到企業組織的各個員工或設備，讓他、她、他們知道什麼時候該做什麼事以及該如何做。如果資料不即時或不正確，組織必定像一盤散沙，組織成員無法互相支援、和諧運作，資源運用效率差，無法達成組織的目標。數據長如同空氣清淨機般，隨時維持組織資料於「乾淨」的高品質狀態，才能進一步有效的發現問題與機會，協助組織制定策略、創造營收，讓組織更上層樓。

## 1.1　數據長是什麼？

　　我們將數據長（Chief Data Officer, CDO）廣義地定義為具有CDO頭銜或正在執行CDO任務的人。CDO是最資深高階主管（Executive），負責勾勒數據（即資料）願景、使命和文化，領導整個組織建構數據能力以支持組織策略。維基百科（Wikipedia）將CDO描述為「負責把整個企業的資料，當作資產來治理和利用的公司管理階層人員」。CDO的角色不只是技術人員，他的職能是商務（Business）。也就是說，CDO必須具有豐富的實務經驗、管理知識和科技根底。實際上，現今大多數CDO具有深厚的IT基礎，並

了解企業實際運作的流程及高階主管的需求。

## 1.2　組織與期望

　　不同領域的組織對CDO的期望不同。例如，資料科學家期望CDO提供乾淨的資料，以便他們可以專注於資料分析，以發展支援商務的策略；市場部門希望CDO可以幫助他們更了解客戶和產品，從而拉升銷售業績；製造部門希望CDO協助他們預知機臺和產品品質即將在何時發生問題。但是，CDO必須先確定組織短期、中期和長期必須達成的核心目標，並且最好是直接與CEO協同作業來確定組織的目標。

## 1.3　爲什麼要創設CDO這個職務？

　　CDO不僅必須理解並且解答組織對資料「爲什麼?」的疑惑，同時要能了解和回應「爲什麼當下？」必須施行。什麼是該組織的特點而能作爲驅動並激活整個組織，朝著共同之資料導向的目標邁進？大多數組織都有必要成爲資料和分析驅動的企業，並釐清如何從企業所持有的資料中，獲取更多有用的資訊，以便爲客戶提供更好地服務。

　　數據長爲組織帶入下列重要的價值：

・領導力：組織期許CDO能夠依據商務和IT領導變革，並承擔組織公民（Organizational Citizenship）責任和組織變革管理。這位C-Suite的領導者被期望成爲能夠因應複雜關係的領導者。

・效率（Efficiency）：組織期許CDO透過(1)移除導致資料品質不佳的低效率流程，以及(2)經由資料整合、資料品質、主資料管理和資料自動化，而改善可自我服務的商務智慧（Business Intelligence）和報告，從而協助企業降低營運成本。

・效果（Effectiveness）：組織期許CDO透過生產資料資產和關鍵資料元件，以分析式的儀表板和報告之形式，產生領先（預測）和落後的指標，以協助改善資料的洞見。

‧創新：組織期許CDO透過利用資料科學和巨量資料所獲取的洞見來改善創新能力。

## 1.4　CDO的任務

　　CDO作爲組織中最資深的資料領導者，必須從組織的利益關係人（Stakeholders）和資料專案團隊的角度，建立信任、信心和信賴度。CDO亦在協助組織分析資料以判別市場機會、增加股東價值、保護資料安全性、隱私、滿足法規要求等方面扮演關鍵性的角色。一般而言，CDO的工作職責涵蓋商務領域、技術領域和團隊管理。此外，不同的行業需要不同的能力，因此CDO的背景和能力可能也很多樣化。

　　CDO的成功將取決於實現兩個互補的目標。第一個目標是建立資料治理方案，傳達資料治理的利益，並評估治理的結果；第二個目標是通過貨幣化資料資產或開拓資料資產，以協助組織創造價值和增加收益。

　　CDO必須具有恰當的預算、權限和資源，才能實現這兩項目標。這是個至關重要但經常在創建CDO職務時被忽視的問題。成功的CDO在衡量組織的需求和整備度的狀況後，利用揭示資料相關議題的重要性，來確保適當的預算、權限和資源。預算、權限和資源的取得可通過多種方式來實現，取決於組織環境。CDO應該思考遠大、從小做起、快速行動，完成工作，取得高階主管的認證，然後持續巡迴這個過程。

　　一個成功的CDO需要獲取及具備以下管理與技術知識：

‧資料政策與策略（Data Policy and Strategy）

‧資料治理（Data Governance）

‧資料品質（Data Quality）

‧資料整合（Data Integration）

‧資料分析（Data Analytics）

‧資料視覺化與呈現（Data Visualization & Presentation）

‧變革管理（Change Management）

## 1.5　非CDOs的角色

　　CDO不應與CIO混淆。資訊長（Chief Information Officer, CIO）在策略和作業上對組織的基礎架構和服務負責，並負責支持組織的技術交付需求。相對的，數據長（Chief Data Officer, CDO）負責整個組織的數據（即資料）。CDO需要與CIO合作以支持整個組織的商務目標。組織中的許多角色和職責，與CDO的角色職責重疊或互補，如下所示：

- 數據長（Chief Data Officer, CDO）負責監督和協調相關關鍵資料功能的編排運用，將企業資料視為策略性的商務資產進行管理。

- 資訊長（Chief Information Officer, CIO）主要是現今組織中負責資訊科技的主管，負責電腦系統。透過讓資料易於取用與能被看見，來支援資料轉換為有用的資訊。

- 科技長（Chief Technology Officer, CTO）開發科技，這些科技可以促進企業的策略商務目標、管理資料和資訊的蒐集，以及管理參與知識共享、協調的人員和流程。

- 知識長（Chief Knowledge Officer, CKO）負責知識管理（組織的智慧資本），管理可以轉換為知識的資料，和資訊之蒐集、管理製造、使用知識的人員及流程，並促進知識的分享。

- 隱私長（Chief Privacy Officer, CPO）負責資料保護，特別是受保護的資料（例如：醫療、財務或消費者資料）以及受法規治理的資料之合法使用。

- 資安長（Chief Security Officer, CSO）負責實體資料安全、安全策略和安全技術，例如：身分驗證和授權、工作階段內容記錄、工作階段存取、防火牆／層保護，以及跨域防護、控管。

> 「成功的CDO必須以策略、技術、商務，及以人為本；政治上開明但又無政治傾向。」

## 1.6　數據長的彙報架構

　　CDO一職應該設置於管理階層中的哪個位階仍未有定論。傳統上，

CDO向資訊長彙報。例如，2011年，五角大樓的美國陸軍總部，第一個CDO一職設立在陸軍部（Headquarters of the Department of Army, HQDA）總部CIO/G6職位之下，同時兼任HQDA陸軍結構整合中心主任。2019年，美國陸軍開始審視，如果在五角大樓的其他領域設立CDO職位是否會更有效。目前，在CDO專業領域已普遍認為CDO不應向CIO彙報。相反的，CDO和CIO應該是同等位階，共同協作來為組織提供即時、準確和切合需求的高品質資料。根據組織環境，CDO可能會向不同的主管彙報。麻省理工學院的「數據長與資訊品質計畫」早期進行的一項研究中揭示，位階結構分為三種不同的階層：

・層級1：CDO彙報給CEO、COO。
・層級2：CDO彙報給CIO、CMO、CRO等。
・層級3：CDO非高階主管，但是負有組織與管理資料的最高層級職責。

　　CDO與CIO、CTO、應用開發長，以及各種共享服務和營運部門的首長位於相同位階的關係，有助於CDO施行跨越整個商務和IT生態系統的企業資料和分析方案。

　　什麼是最佳彙報結構？不論CDO向哪個職級彙報，理想情況下，該職級的管理者都必須了解資料和分析的相關領域，以及如何運用它以發揮最大利益。該主管應該有熱情和承諾在組織的高層中提供「空中掩護」。在CDO任職期間，組織可能會進行重組，並且報告管道可能會更改。CDO必須具有彈性，而設置CDO職務的位階，以引發高階管理人員對資料和分析的熱情和承諾。無論採用哪種結構，「CDO角色都不應該是技術角色，而應該是商務角色。」

　　本書接下來的章節安排順序如下：
・第2章：阿肯色州數據長案例
・第3章：資料政策與策略
・第4章：資料治理
・第5章：資料品質常見的問題模式
・第6章：數據長的立方體框架
・第7章：數據長的行動應用

# 阿肯色州數據長案例

"Business Value, Transformation, Efficiency"

-The Honorable Asa Hutchinson

Governor of the State of Arkansas

　　本章雖然以美國阿肯色州數據長爲例，其過程卻可供一般營利組織（PO）和非營利組織（NPO）參考。例如，2.2節的「聆聽之旅」，可以導出（Elicit）組織中各成員的痛點及資料需求，前者是現況（As-Is）後者是未來（To-Be）。在分析一個企業的資料需求時，CDO應走訪企業中的各公司進行聆聽之旅，並作成初步的資料目錄（Data Catalog）。然後會有一個正式的啟動會議（Kick-off Meeting），由企業的最高層主持，各公司的主管都要參加，以宣示目標及將企業轉型爲數據驅動型組織的決心，這就是2.3節「首屆阿肯色州數據長論壇」所述。接下來，如2.4節「資料透明化小組」說明的，應該彙整各公司的資料需求及資料目錄，找出全企業需共享的資料，建立整個組織的資料架構和資料目錄。阿肯色州因爲是首次實施，且其轄下各單位之資訊系統各自開發，故需要重新建立資料架構和資料目錄。至於一般企業，尤其是製造業，因各公司皆有ERP系統，討論時可以利用SOA-ERP（即第七章提出的ERP4CDO）既有的架構，整合各公司的資料，不足的地方再加以延伸即可。這個階段的重點在於找出必須共享給高階主管、員工、股東、政府、客戶和廠商的資料，做成資料目錄，以便主管想做數據分析時，知道如何找到所需要的資料。SOA-ERP包含一萬多個資料元件，它的操作介面及文件對應到這些元件，且有搜尋功能可讓主管找到數據分析所需要的資料，對企業而言，其實是一種現成的資料目錄。如同2.4節

所述，在這個階段必須決定專案團隊、專案中各開發項目的優先次序、時程表，及專案各階段的預算表。2.5節的「差異分析」即在細部分析整體組織共享資料之As-Is和To-Be的差異、如何利用SOA-ERP整併這些來自各公司的資料、可利用既有SOA-ERP元件來客製哪些應用程式、必須新增哪些SOA-ERP元件等。事實上，這個階段就已經在執行專案的時程表和預算表，接下來就是實際的客製開發、系統整合測試、教育訓練、資料轉換、系統上線等步驟。一般企業在2.5節「差異分析」之前可編列一筆概念驗證（POC, Proof Of Concept）的小預算，以初步進行第2.2節和第2.4節的活動。

## 2.1 概述

本章我們將詳述首位阿肯色州數據長的經歷，從初期的醞釀到阿肯色州參議會法案、第一位州數據長任命，到任職第一年等。

我們將在後續的各章中，詳細說明數據長辦公室的設立，與資料相關的政策、策略、治理、品質，及數據長第一年的部署。

2015年3月，阿肯色州參議院在第90屆大會通過了法案1282號（草案9831號），成立政府資料開放與透明的專門工作組（ODTF），以確定能實現阿肯色州公共記錄與數據的最佳化維護與分享系統。參議會在第1282號法案中提出以下意見：

· 阿肯色州的部會持有大量與公民生活習習相關的有價值的資訊與報告。這些由各部會維護的大量資料可能導致重複的工作、數據、記錄，且可能導致不同部會維護同一位公民的部分數據與記錄會出現不一致的內容。

· 缺乏迅速及有效率的傳遞系統來應對立法和行政部門的查詢，將對決策過程產生不良影響，最終造成稅金的浪費。

· 先進的州已經發展成利用資料驅動的政府，作為公民資料更有效的管理者，他們將資料作為策略性資產，用以改善提供服務給該州公民的能力。

· 確保開放資料的品質與一致性，對維持資料的價值和實用性至關重要。

· 新的資訊科技從根本上改變了人對搜尋和期望找到資訊的方式，這些彙

整的大量數據能讓阿肯色州以更徹底，及更高效率的方式為公民提供更好的資訊。

在第1282號法案中，參議會要求阿肯色州完成以下事項：

・評估對於州部會內部與部會間適當、有效及安全的方式共享資料，以便決策者能透過更快、更有影響的分析來做出更明智地決策。

・利用創新的資訊科技來加強民眾對開放資料的存取，從而使政府更加透明化，提升民眾的信任感，還能消除政府在執行和提供服務時的浪費、欺瞞與濫用。

向阿肯色州提出這些觀察與意見後，大會的第1282號法案同意授權工作組對阿肯色州持有的資料之可用性，和透明度作出評估、研究和調查結果的回報。

工作組在2016年安排不少工作會議，聆聽相關領域的專家、其他州的州負責人和阿肯色州各部會首長，對於資料使用、挑戰和需求的意見。這些會議確認了資訊品質、可存取性和資料使用皆具有改善的空間。其他州的負責人對於降低成本、提升透明度、改善計畫成果，及制定政策也都提供了寶貴的意見。

根據第1282號法案，工作組的其中一項職責是制定立法草案。而工作組並非建議制定具體的立法草案，而是建議阿肯色州參議會立法包含以下部分：

・設立數據長（CDO）職位。

・設立隱私長（CPO）職位。

・成立資料透明化小組（Panel of Data Transparency, PDT）。

・要求CDO與PDT協商，對開發阿肯色州的資料倉儲進行可行性與所需經費研究。

・要求CDO和CPO制定「資料標準和規格」。

・要求CDO和CPO與PDT協商，評估並找出可公開的資料。

2017年3月，阿肯色州參議院在第91屆大會通過了法案912號（草案17933號），建立PDT並在資訊系統部會設立CDO和CPO職位。

法案912號賦予數據長下列職權：

- 透過標準化管理、刪除重複的資料、共享和統一州部會之間與系統之間的關鍵資料來提供主資料管理。
- 通過制定一套整合的規格書與文件來建立和發展資料架構管理，這套規格書與文件定義了數據資源管理的藍圖。
- 提供資料品質管理的觀念和實踐方式，包括方針、衡量標準、流程改善和教育。
- 利用資料倉儲、商業智慧和主資料管理解決方案的優勢。
- 利用權限、控管和決策的方式來管理數據資產，並引入實名的數據資產責任制來提供資料治理。
- 支持基於標準化和已發布的應用程式介面（API）的公開資料交換，這些API促進了阿肯色州各部會部門內部、部門間、外部或部會之間的資料標準化存取，並建立各部會資料放置、維護和使用的資料目錄。
- 善用包括導入商業智慧和進階分析在內的商業智慧，最大化資料的價值，以便於獲取與分析資料。
- 主持資料透明化小組。

　　2017年8月20日，阿肯色州資訊系統部會（DIS）和阿肯色州小岩城大學數據長研究所（iCDO）合作設立阿肯色州數據長，研究如何在2018財務年（2017年7月1日至2018年6月30日）組織、配置人員和募集營運資金，以實現阿肯色州的資料共享與透明化。

　　作為本次合作的一部分，iCDO和DIS同意下列可交付成果：

- 完成對選定的州部會資料需求差距的初步分析。
- 進行一項對阿肯色州的資料倉儲計畫開發案的可行性分析和成本評估。
- 咨詢CPO，制定資料標準和規格。
- 咨詢CPO和PDT，評估並確認可以被公開的州部會資料。

　　iCDO和DIS同意由DIS任命一個熟悉該州資訊可見性環境的CDO副手。該副手將更加熟悉阿肯色州的職場文化和資料環境，且未來有潛力成為繼任的CDO。DIS選擇任命兩名CDO副手來協助CDO。

　　儘管在不同的部會建立CDO辦公室的過程中會有所不同，但以下內容概括總結了CDO在最初的九十天內應該完成的工作：

- CDO有義務與內部利益關係人建立穩固的關係，首先是資訊科技、法務、人事、財務及風險部門的相關者。與這些部門就商業利益考量，各自領域的資訊治理與及貨幣化進行溝通是至關重要的。
- 任命CIO部門中兩位精通資訊科技的角色作爲CDO副手。讓一位專攻科技，而另一位專攻商業案例。
- 制定與商務策略相關的資訊策略。
- 從組織內部招聘精通資訊的職員——資訊架構員和資料管理員，以開始建立CDO團隊。
- 發起CDO學習社群——工作坊、認證課程、CDO線上討論區等。與其他CDO腦力激盪相互學習，將成爲學習過程中的重要一環。
- 開始建立階段性任務。定義並傳達現實、可衡量、有時限的目標管理。
- 思考遠大、從小做起、快速行動、完成工作。短時間就開始累積小小的勝利，有助於提高CDO的信譽。

## 2.2 聆聽之旅

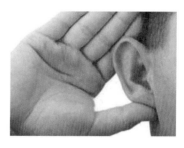

CDO團隊決定首要目標先從選定的州部會商討，並蒐集他們對資料相關的需求、初步計畫和期望的資料開始。這被我們稱之爲聆聽之旅的訪談，從2017年9月20日開始一連持續了三個季度，每次會議都包含各部會首長和各部會的CIO等相關人士。

聆聽之旅包含CDO辦公室對各部會解釋其存在的目的，並詢問資料來源、使用，以及州與聯邦間不同的資料政策限制所引發的關鍵問題。

從聆聽之旅中，很明顯各部會皆有相似的痛點。其中一個明顯的問題是想了解自身擁有那些資料，以及其他部會又擁有哪些資料。因此，CDO團隊的初步行動之一，是建立一個遍及全阿肯色州的資料目錄。

## 1. 全州資料目錄

全州資料目錄的編撰是一項多階段進行的史詩任務。首先從行政部會開

始建立全州數據資產的高階清單。任務目標是建立每一部會數據資產的高階索引，以便可跨部會共享資料，各部會外部業務也能更輕易的作決策。

編撰高階索引過程的第一步是從各部門的網站，研究各自持有的開放資料，以及對各部會之間最有用的資料。為了更深入了解各部會擁有的資料及各部會首長們的需求，實地走訪面談各部會的專家至關重要。

全州目錄的最終目標是，描繪出各部會持有的主要數據資產做高階索引後，並排放置，以查看有哪些點能相互連接，找出各部會可以共享、州長能對其業務作出更好決策的東西。目標是為了提高透明度，以便各部會間了解資料分享的價值，從而展開對談。

## 2. 公共安全資料交換協議

各部會（甚至直屬部會）的另一個共同難題是未共享資料。例如，儘管阿肯色州看守所（ACC）和直屬部會的阿肯色法務部（ADC）皆使用相同的資料庫，各自的分析卻是孤立的，並未共享任何資料。

CDO團隊在ACC找到了一位倡議者（Champion，即專案成員中的個人或部門，認同專案的願景，很熱心的倡議、擁護專案的推動），開始討論各部會之間的資料共享。這項措施所散發出來的熱情也感染了其他的矯正部會，如阿肯色州假釋委員會（APB）和阿肯色州犯罪紀錄中心（ACIC）。跨部會公共安全資料交換協議在此種積極的努力下誕生了，該協議的目的是在ACC、ADC、ACIC、APB和DIS之間建立一個正式的資料交換框架，旨在

**Public Safety Interagency Data Exchange Agreement**

公共安全的利益，透過分享歷史資料和上下文相關的資料，促進基於證據和資料驅動的評估、案例管理及制定政策。即便該協議是針對與矯正相關的部會，且大多與它們內部的資料共享專案或措施有關，但它還是成為首屆數據長論壇的重頭戲，包括與阿肯色州州長的簽字儀式。

## 2.3　首屆數據長論壇

CDO團隊的另一項努力成果是促使各部門展開對資料措施和資料共享的討論。CDO從資料透明化小組（Data Transparency Panel, DTP）開始，首屆阿肯色州數據長論壇的構想終於誕生了。

CDO邀請阿肯色州州長作為論壇的主講人，州長接受後，其他部長和多位關鍵人物在得知此論壇的發起獲得了州長的支持，便也積極渴望參與。

**Inaugural Arkansas State CDO Forum**
**& 1st DTP Meeting Moderated by Rep. Stephen Meeks**

**Keynote Speakers**

The Honorable
Asa Hutchinson

Dr. Andrew Rogerson
Chancellor, UALR

Friday, November 10, 8:30 a.m.
Governor's Conference Room, State Capitol
Old Supreme Court Chamber

Department of Information Systems
A STATE OF TECHNOLOGY

主講　尊敬的Asa Hutchinson
首屆阿肯色州數據長論壇
阿肯色州議會大廈，舊最高法院分庭

資料來源：科林伍德。「隨著阿肯色州資料文化的蓬勃發展，官方奉行的『黃金記錄』。」2018年6月25日。https://statescoop.com/as-data-culture-blossoms-in-arkansas-officials-pursue-a-golden-record/

## Public Safety Interagency Data Exchange Agreement Signing Ceremony

*Dr. Wang -Arkansas State CDO, Sheila Sharp - Director ACC, Yessica Jones – Director DIS, Governor Asa Hutchinson, Brad Cazort – Director ACIC, William Bowman III – Representative APB, Rhonda Patterson – Representative ADC*

資料來源：科林伍德。「隨著阿肯色州資料文化的蓬勃發展，官方奉行的『黃金記錄』。」2018年6月25日。https://statescoop.com/as-data-culture-blossoms-in-arkansas-officials-pursue-a-golden-record/

　　論壇的第3和第4節是初次的季度DTP會議。根據法案第912號規定，該小組必須每季度舉行一次會議，由CDO主持。第一次季度會議的重點是部會首長與部會代理首長討論他們的成功，以及實現資料計畫所面臨的挑戰。

## 阿肯色州數據長就職論壇

州議會大廈
原最高法院會議廳
2017年11月10日　星期五

| Agenda | |
|---|---|
| 8:30-9 a.m. | REGISTRATION & CONTINENTAL BREAKFAST |
| 9-9:05 a.m. | **Welcome & Opening Remarks**<br>Yessica Jones, Chief Technology Officer, State of Arkansas |
| 9:05-9:15 a.m. | **Keynote**<br>The Honorable Asa Hutchinson |
| 9:15-9:25 a.m. | **Keynote**<br>Dr. Andrew Rogerson, Chancellor, University of Arkansas at Little Rock |
| 9:25-9:45 a.m. | Dr. Richard Wang, Chief Data Officer, State of Arkansas<br>**Public Safety Interagency Data Exchange Agreement Signing Ceremony** |
| 9:45-10 a.m. | COFFEE BREAK & NETWORKING |
| Session 1<br>10-10:45 a.m. | **Success Stories From the State of Texas**<br>Ed Kelly, Statewide Data Coordinator, State of Texas |
| 10:45-11 a.m. | COFFEE BREAK & NETWORKING |
| Session 2<br>11-11:45 a.m. | **From Outputs to Outcomes, an Analytical Journey in State Government**<br>Dr. Jeffrey Kriseman, Chief Data and Informatics Officer, State of Tennessee |
| 11:45 a.m.-1 p.m. | LUNCH & NETWORKING |
| Session 3<br>1-2 p.m. | **Gap Analysis of Select State of Arkansas Department Data Needs**<br>**Moderator:** Stephen Meeks, Representative, State of Arkansas<br>**Panelists:** Members of the Arkansas Data and Transparency Panel |
| 2-2:15 p.m. | COFFEE BREAK & NETWORKING |
| Session 4<br>2:15-3 p.m. | **Gap Analysis Continued...**<br>**Town Hall Meeting for Feedback on and Introduction of Additional Opportunities**<br>**Moderator:** Brett Hooton, Member, Arkansas Data and Transparency Panel |
| 2:45-3:00 p.m. | COFFEE BREAK & NETWORKING |
| Session 5<br>3-4 p.m. | **State CDO Panel**<br>**Moderator:** Dr. Richard Wang, CDO, State of Arkansas<br>**Panelists:** Todd Harbour, CDO, State of New York; Dr. Jeffrey Kriseman, CDO, State of Tennessee; Ed Kelly, CDO, State of Texas |
| ADJOURN | |

## 2.4 首次資料透明化小組會議之重點節錄

各部會之間就資料的共享、留在聯邦和州指定的框架內，與在各部會之間建立系統，或提供某些功能在實行上所需的複雜性皆有共識。這需要從小規模的專案開始（唾手可得的成果）累積，並發展小規模勝利來向人們證明。

### 1. 資料共享

已在各部會間共享的資料中，其中一項最大的挫折是資料的格式。如果必須耗費這麼大量的時間處裡相容性的問題，那麼要共享多少資料才有效率？隨著資料的傳遞，它必須具有通用、可重複使用和便於攜帶，要實現此目的必須制定標準語法。儘管部分終端使用者可能擁有專有格式，但產業正朝向開源標準發展（Native、JSON、XML、OData），因此朝著開放標準邁進將使資料具有可攜帶性、靈活性和適應性。

為了使資料可重複使用，以資料共享為前提，將商務詞彙標準化也很重要。跨部門資料共享需要簡單、明瞭、淺顯易懂的溝通，因此需要專門的標準化詞彙。

其他部門表示先前已通過與其他部門的合作備忘錄（MOU），強化協作和資料共享以提升工作效率。但上述所傳達出的是對資料治理、架構和標準化方面下基本功的必要性，這樣才能在州政府中促進各部門間小型專案的快速推行。就有意的（Intentional）資料管理而言，在眾多的部門中，存在一個頻譜（Spectrum），而部門分布在該頻譜中的位置，則影響到專案的發展速度。

### 2. 資料文化的轉變

為了向成功邁進，部會思維的文化轉變是重要的一步。很重要的一點是部會需要理解他們所持有的資料並非屬於他們，而是屬於阿肯色州和該州公民的。嚴格來說，各部會僅是資料的保管人。為了促進更好的共享，教育各部會與在部會間建立互信機制才能改變原有的文化。

## 3. 獲得足夠的人力

　　有個令許多部會煩惱的問題，培養資料驅動文化的其中一項重點是，需要仰賴人力來管理資料以及得到高品質資料，甚至在州級共享資料前就要做到。

　　不是所有部會都有資料分析師或資料管理員來管理資料品質。許多部會甚至不知道他們擁有哪種資料或資料庫存（Data Inventory）內容清單，這使得全州範圍的任何資料評估變得很困難。

　　田納西州解決這個問題的方法是個絕佳案例。田納西州做了權力合併和組織再造。在組織再造的過程中，他們知道負擔不起由各部會招聘資料科學家和工程師，也找不到能夠一手撐起二十三個絕望部會的人選。取而代之的是，他們將各部會劃分到不同的領域中（例如：健康、財務、治理等），並為各領域指派一個由資料科學家、工程師和解決方案架構師的資源庫（Resource Pool）。

## 4. 改變資料文化：獲取預算和資源

　　對於籌備預算與資源來完成，或甚至展開小型專案也同樣令人受挫。例如，許多部門在紙本文件電子化的過程中，被質疑資源是否被濫用。田納西州的CDO對他的兩難處境做了如下解釋：「他們之所以這樣做的原因，不僅是因為知識的變化，還因為它是一個主要運作的臂膀（部門）。每天都有公民依靠你將時間用於公共安全、健康、財政等方面，以確保政府有效運作。而現在應該做的是開始考慮另一隻臂膀，一隻可讓你擺脫過去三十年來習以為常的創新的臂膀，並開始思考如何彌補與現實的差距，提出整合企業中所有部門的解決方案來幫助面對未來的風險。你不僅要知道如何獲取資源、預算和人力，還要能憑藉分裂、管控下的混亂，來確保你知道在何處、何時、何地可以做到這一點。你必須時刻保有風險管理的態度，最後也需確保自己能做好期望控制，不僅對內部，對外部的公民也一樣。」

## 5. 改變資料文化：獲得其他部會的認同

　　另一個提出的問題是害怕無法獲得部會之間的認同。許多部會都不願放棄已耗費幾十年建立了的系統，這種不甘心最終會導致無法接受任何新系統或流程。

　　紐約州的CDO表示：「我要主張的是，這並非一個人、一個團隊、一個組織能處裡或履行的東西。而是需要政府的全體上下的力量，來專注在實現這種變化、這種創新、這種破壞，去打破過去的輪迴，不管我們要怎麼稱呼它，因爲我們實際上是在探討精益求精的必要，但卻講成別的東西。我們並不如以前富有，因此必須採取不同的行事風格。如何做到？這是你可以開始善用科技，做科技擅長的事情，實現自動化。你要自動化什麼？這（問題）就要交回給人類，交給專家。」[1]

　　從眾議院到DTP的講者：「過去兩年裡，（認同這方面）一直是其中一項主要的考量。我認爲有許多方式能緩解這種狀況，而今天我們已經看到了一些。我認爲，當立法機關首次進行討論並成立工作組時，我參與了討論，我認爲這似乎是最初試圖緩解的途徑的一種。令人安心的是工作組的成員包含不少部會負責人，隨著計畫演進，你擁有一個得到所有人支持的提案。我想我們今天在此嘗試繼續對話。我想今日，在此見到了州長，你會看到領導者和目標訴說著我們冀望此州能朝著目標持續邁進。希望訊息能達至此水平。我內心的樂觀告訴我，既然我們已來到此處，現在應將訊息傳遞到各部門內，在各部門內表達我們的目標，爲了更好的影響部門，我們應該將目標具體化，但目前有幾個目標，你們對計畫的推動有什麼想法？他們是每天使用、運用、加工資料的人。他們知道的痛點都遠比這間房裡的大多數人多太多。我內心的樂觀願意相信一旦訊息傳達到基層，我們便能開始獲得回饋，告訴我們先前談到的一些擔憂和挑戰，也許能靈機一動想出更容易解決的方案。的確話題又回到，這並非資料的所有權，我曾使用過這個詞，而Meeks代表在工作組中糾正了我，這實際上是資料的管理權。雖然你可能會失去一

---

[1]　Quote from Todd Harbour, New York CDO

些對誰能看到你資料的控制權，但這將受到控制，與此同時，人們不須再找你申請查看資料了。你正失去一些控制權，沒有人喜歡失去控制權，但那只是一件該做的事。」[2]

## 6. 共享方法和策略

　　此論壇同時也作爲其他的州CDO們分享方法、策略、得失的平臺。是個讓他們能從討論中提問、尋求建議和交換經驗的平臺。

　　Todd Harbour（紐約州的CDO）作爲開場白，他表示將所有人聚集在一起和掌控資料的重要性。「迄今爲止，遵循立法途徑的州通常更爲成功。實際上你將兩個奇蹟融合在一起，就是你作研究的證明。我對此表示讚賞。要想功夫深，馬步要紮穩。我前半生常需要採取一些仰賴分析結果的重大行動，爲此，即便是提高一絲可靠度、可信度，我們必須掌控資料一直回溯至它的來源，才能放心地知道它信得過，知道如何使用它以及可能在哪裡存在問題。從蒐集到最終處置，你對資料的控制越多，成功的機會就越大。」

Todd Harbour – 紐約州CDO、John Talburt – 阿肯色州小岩城大學教授、Rich Wang – 阿肯色州CDO、Jeffrey Kriseman – 田納西州CDO、Ed Kelly – 德州CDO

　　Jeffrey Kriseman（田納西州的CDO）指出：「所有部會都有人才。你需要確認他們不僅了解其資料的位置、狀態和內容，還需要了解其隱私權的關

---

[2]　Quote from Brett Hooten, Speaker of House Appointee to DTP

聯。你需要了解資料所有能被使用到的可能性。了解資料工程師相對於科學家。科學法則可以幫助你解決一些你可能從未想到的問題。大多數領導者都不知道所問的問題。有時需要一場白板會議，有時就是需要利用那麼長的時間才能真正了解問題所在。很重要的一點是不需要一路大吼大叫，好好說、慢慢來、管理期望，並在整個過程中進行自我教育，以便得出有意義的結果。」

## 7. 協同合作

會議上有人問到州內部正在嘗試何種協同合作的方針。

Ed Kelly（德州的CDO）說：「我在該州，看著當地區域，我們有達拉斯、休士頓、聖安東尼奧，他們有自己的CDO。我們嘗試與城鄉合作，以整合城鄉與州的數據資料。」

Todd Harbour（紐約州的CDO）說：「我手頭上正與紐約大學系統的系主任，資訊科學系，我已經與他們詳談討論對資訊科學系穩定栽培學生需求的期望。因為如果仔細考慮一下，這些人已經懂了。他們了解資料目錄的價值，了解如何行銷，並且了解從現在起十年、二十年、一百年後對人們能輕鬆地找到東西的價值。還有什麼比研究所的學生更好的人才，能直接送往州政府的大門。」

John Talburt（UALR的教授）說：「我們資料資訊品質學程有近100名的學生。他們都選了資料治理、資料視覺化、專案和變革管理及資料庫方面的課程。我想對各部會也許有很大的幫助。」

## 8. 資料的用戶（公民）

在各部會間共享資料固然重要，但仍未解決將資料匯總並做有效分配後將其公開給民眾的問題。一旦這些資料開放給民眾或私人企業使用，他們不知道能拿來做什麼。資料該如何共享才能使公民知道怎麼理解並善用？

## 2.5 差異分析

隨著CDO團隊繼續進行與其他部會的聆聽之旅，首屆數據長論壇和首次的DTP的主持下，他們開始對所發現的差異進行差異分析，建立商業案例並透過小進展來顯示價值。

透過蒐集聆聽之旅和首次DTP會議，我們利用從各部會首長那裡發現的所有差異做了一份完整的初版差異分析。這完整的初版差異分析是DIS與UA Little Rock合約中的可交付成果之一。

CDO團隊起草這份差異分析，以幫助部會對資料的需求的了解和優先順序。在差異分析初步完成後，將交給部會首長做確認，讓他們有機會細說差異並增加尚未確定的其他差異。

完成初版的差異分析後（該差異分析直至今日仍在不斷成長進化），CDO團隊的希望透過消除差異，協助首長做出明智的決定、資源的分配和編列有效率的預算已開始產生商業價值。

在最初的九十天，CDO團隊在創造商業價值上快速的獲取了一些勝利。其中一項勝利為阿肯色州公園與旅遊局（ADPT）節省了大量資金。ADPT通過將所有內部的應用程式與一個內部稱為「公共核心」的主資料管理系統做連接。但系統間共享的某些資料來自阿肯色州州立行政資訊系統（AASIS）。ADPT對調閱AASIS的資料用於更新公共核心有困難。為了簡化這些困難，他們希望擁有一個自動化流程。認識到這個問題，CDO團隊促成了ADPT和AASIS之間的聯繫，從而節省了他們的工時和金錢。

其他勝利來自於點出那些了解全州範圍資料共享重要性的各部門倡議者（Champions），他們在不同圈子都有影響力且能幫助促進資料共享的共識。這些倡議者在其部會中受人敬重，被認為是將全州資料共享計畫的成功置於個人動機之上的人，這對於各部會間的「認同」至關重要。

### 「思考遠大、從小做起、快速行動、完成工作」

在第一次DTP會議之後各部會或部會的集團內，幾乎立即啟動許多小專案，包括阿肯色州跨部會資料交換協議。該協議的簡要概述如下：

### 阿肯色州跨部會資料交換協議

　　CDO團隊在教育界找到了許多倡議者（Champions），了解到他們不僅對自己的那塊，而且對全州與各部會資料共享的需求和渴望。CDO團隊迅速召集了六大巨頭的部會首長，以促進起草阿肯色州各部會之間的資料共享協議。CDO團隊借鑒了「德州參與部會的德州全州資料交換契約」的條例和格式，與2017年11月10日首屆阿肯色州數據長論壇上，簽署的公共安全部會交換協議條例。

　　該協議是高層協議，目的在促進部會之間披露或取得機密資訊。此協議還包含了每個參與的州部會，對機密資訊的權利和義務，以及在有限的情況下使用或存取。

　　這是一個正在進行的專案，涉及到所有參與部會的法律顧問意見，隨著時間的演進，啟動該專案的變遷和期望將成爲歷史上重要的一環。

## 2.6 經驗傳承和前進方向

### 1. 促進參與並振奮人心

　　Robert McGough（CDO副手）：「這件事的成功最令人振奮的地方是如果拿掉了公共安全的標籤，這正是個人資料流從教育到工作領域，或幾乎任何領域中普遍問題的解決方式。」

　　使人們對資料感到振奮並了解其來源，是CDO團隊最重要的職責之一。

### 2. 保持簡單和愚蠢

　　一項過去學到並會持續使用的重要經驗是「保持簡單和愚蠢」[3]。CDO團隊經常被問到如何實施或使用哪種架構來構建全州資料倉儲。這可能是一次進行得非常順利的對話，也可能由於部會內部存在的不同願景或平臺而立

---

[3] A quote used often throughout the first 100 days from Dr. Richard Wang.

即結束。Caroline Carruthers（CDO Playbook的作者）說的最好：「『確保』結構、治理和贏得人心的基本要到位。這是每位初代CDO都需要面對的問題。他們不是公司的『搖滾巨星』，但他們確實爲那些巨星建立了平臺。」

## 3. 一位有權威的CDO：思考遠大、從小做起、快速行動、完成工作

有效果的前進是關鍵，但更重要的是迅速。思考遠大、從小做起、快速行動、完成工作。爲了有效率，州CDO辦公室需要與州部會和資訊長合作，來獲得資源、預算和推動數位轉型的權力。儘管來自該領域的文獻對彙報結構的爭論還存在，包括Gartner、《華爾街日報》、《福布斯》，以及學術研究的文獻都重申了與CIO合作的重要性這一事實，但無可爭辯的事實是，無論彙報結構如何，CDO都需要擁有引入資源和預算的權力。

# 第三章

# 資料政策與策略

"**Annual Performance Evaluation, ROI, Data Regulations**"

-Richard Y. Wang

本章闡述資料政策的背景和概念。引述數個美國政府案例以使這些概念更具體,並以建議數據長應採取的進攻性與防禦性資料策略作爲總結。本章雖引用美國政府案例,同樣可應用在一般企業。例如,在進攻性策略中,可利用SOA-ERP的服務元件製作營收及市場占有率儀表板,比較「執行高階主管專案」之前和之後的「對營收及市場占有率的貢獻」,請參考第七章和第八章的範例。在防衛性策略中,可以組合SOA-ERP的服務元件,批次統計並比較銷售訂單和會計分錄上的金額,以確保銷售模組和會計模組的一致性,「整治資料品質問題」。此外,也可挑選需要的單據,組合相關SOA-ERP服務元件,撰寫批次程式,「偵測並清除」多年未曾異動的資料。

## 3.1 背景與概念

許多公、私立組織運用政策來建立運作的方式與規範以達成組織的任務。在國家的層次,政策可以是對人民的一場演講;在企業的層次,政策可訴諸於行爲準則,企業所有的成員和產品都應確認並遵循。

### 1. 國家政策案例

這個國家的政策認定,任何從古巴射向西半球任一國家的核導彈,視爲蘇聯對美國的直接攻擊,必將導致對蘇聯進行全面報復性的回應。

我們的政策一貫是容忍和克制，這是個和平強國的本質，願能促進世界性的大團結。

摘自1962年美國甘迺迪總統，對古巴飛彈危機向全國的演說[1]。

## 2. 企業政策案例

谷歌行為準則是將谷歌公司的價值觀付諸實踐的方式之一。這個行為準則建構於確認吾人在谷歌所做的任何工作中，必須以最高的企業道德行為標準加以衡量。

I. 服務我們的客戶

II. 相互支援

III. 避免利益衝突

IV. 信守秘密

V. 維護谷歌資產

VI. 確保財務的完整與職責

VII. 遵從法律


摘自谷歌行為準則[2]。


## 3.2 建立資料政策

為了有效運用所獲取的資料，所有的公、私部門均須依據企業或是國家政策建構各自的資料政策。

資料政策包括有關的法律、規則和規範，這些均規範著資料之蒐集、分享、儲存、維護、分析和擴散。其主要目的在提供一致性，以及整套的資料

---

1　資料來源：https://www.americanrhetoric.com/speeches/jfkcubanmissilecrisis.html

2　資料來源：https://abc.xyz/investor/other/google-code-of-conduct/

管制規則，讓企業所有跟資料相關成員都可以遵循。

　　資料政策可以由任何授權機構（包括法律、治理機構、負責人或管理階層）建立。隨著時間的流逝，可以對資料政策進行更改，或者可以提出新的政策。改變的趨動力通常來自新興的資料需求、蛻變中的資料來源、技術進步以及組織變革。

　　資料政策的產出應以文件呈現，以便組織成員能夠參考並遵守有關的資料規則。政策的種類包括組織、隱私、資料儲存、資料分享、資料品質、資料蒐集及資料標準，但不限於此。讀者可以在Data.gov和《華爾街日報》兩個網站上查詢，其資料政策分述如下：

# Data.gov資料政策

**Linking to Data.gov** - Data.gov is the official site for open data from the U.S. Government. You may link to Data.gov at no cost. When you link to Data.gov, please do it in an appropriate context as a service to people when they need to find official U.S. government data.

**Licensing** - U.S. Federal data available through Data.gov is offered free and without restriction. Data and content created by government employees within the scope of their employment are not subject to domestic copyright protection under 17 U.S.C. § 105. Non-federal data available through Data.gov may have different licensing. Non-federal data can be identified by name of the publisher and the diagonal banner that shows up on the search results and data set pages. Federal data will have a banner noting "Federal" and non-federal banners will note "University", "Multiple Sources", "State", etc. Check the "Access and Use" section on each dataset page to find the terms applicable to that particular dataset.

**Security** - All information accessed through Data.gov is in compliance with the required confidentiality, integrity, and availability controls mandated by Federal

Information Processing Standard (FIPS) 199 as promulgated by the National Institute of Standards and Technology (NIST) and the associated NIST publications supporting the Certification and Accreditation (C&A) process. Submitting Agencies are required to follow NIST guidelines and OMB guidance (including C&A requirements).

**Privacy -** All information accessed through Data.gov must be in compliance with current privacy requirements including OMB guidance. In particular, Agencies are responsible for ensuring that the datasets accessed through Data.gov have any required Privacy Impact Assessments or System of Records Notices (SORN) easily available on their websites.

**Data Quality and Retention -** All information accessed through Data.gov is subject to the Information Quality Act (P.L. 106-554). For all data accessed through Data. gov, each agency has confirmed that the data being provided through this site meets the agency's Information Quality Guidelines.

As the authoritative source of the information, submitting Departments and Agencies are responsible for ensuring that the datasets accessed through Data.gov are current and correct, in compliance with record retention requirements outlined by the National Archives and Records Administration (NARA).

# WSJDN Data Policy

## 1. GENERALLY

All data generated by or collected from The Wall Street Journal Network (WSJDN) and its users while visiting the WSJDN is the property of Dow Jones & Company, Inc. (Dow Jones). Any third party collecting or attempting to collect data from the WSJDN or its users (a Data Collector) is hereby notified that it is subject to the following Data Policy.

## 2. RESTRICTIONS ON THIRD PARTIES

No party unaffiliated with Dow Jones may collect or use, or direct, authorize or assist other persons or entities to collect or use, any data from a user, or a computer or device operated by a user, while visiting the WSJDN without the prior express written permission of Dow Jones. For example, no data may be collected, used or transferred for purposes of retargeting, behavioral remarketing, or targeting any advertisements, segment categorization or any form of syndication which is related to the WSJDN, its content, or its users without the prior express written permission of Dow Jones in each instance.

## 3. DATA COVERED

The data covered by this policy includes, but is not limited to, data collected via any advertising unit, widget, pixel tag, cookie, script or other data collection process.

Any Data Collector is required to contact WSJDN Revenue Operations at ads @dowjones.com and complete WSJDN's data collector certification process. This may include providing additional information about the data being collected and data collecting technology being used; executing the applicable Data Certification Agreement; and certifying compliance with additional Technical Guidelines and Specifications.

## 3.3 資料隱私與安全政策

隱私和安全性是資料企業極重要的兩個成分。每家企業都應該有其各自的資料隱私和資料安全政策。

### 1. 資料隱私政策

資料隱私法或資料保護法禁止資料的披露或誤用。這是使用者獲取資料時，贏得使用者信任的主題（請參閱IBM的資料責任政策以為範例）。自從

2018年歐盟通用資料保護條例（General Data Protection Regulation, GDPR）實施以來，如何建立符合GDPR的隱私條例，已成為重要課題。我們建議讀者上網查閱GDPR的相關資料。

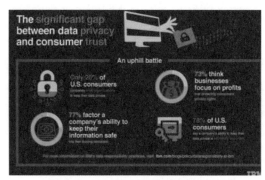

圖3-1　IBM資料責任相關政策

## 2. 資料安全政策

　　所有的組織都一致認為傳統系統的資料安全性是極為重要的。有數項硬體和軟體的基礎設施，可以確保實體和資訊系統的安全性。

　　在網路（Internet）和物聯網（IoT）時代，傳統的保護資料安全措施並非十分有效，大規模的網絡攻擊（例如：Target、Home Depot、SONY等）的次數和幅度每週都在增長。麻省理工學院Sloan商學院IC3[3]的研究建議，基礎結構以及管理、組織和策略等方面的改進，對網絡攻擊的處理極為重要。我們建議感興趣的讀者進一步查閱MIT IC3有關網絡安全的資訊。

　　美國政府已經確認資訊安全政策的重要性。2002年聯邦法律所頒行的《聯邦資訊安全管理條例》（Federal Information Security Management Act, FISMA2002），旨在強化聯邦政府內部的資訊安全。茲將FISMA2002的要點列舉如下，有興趣的讀者可以查閱原始文件[4]取得細節，以及後續於2014年

---

[3]　MIT IC3 website: https://ic3-2017.mit.edu/

[4]　FISMA2002: https://www.govinfo.gov/content/pkg/STATUTE-116/pdf/STATUTE-116-Pg2899.pdf

更新的法案FISMA2014[5]。

‧提供周全的資訊安全架構以保護聯邦的營運與資產。
‧採取國家標準與科技研究院（National Institute of Standards and Technology, NIST）所發展的標準，建立保護聯邦的資訊系統與資產所需的最少的管制。
‧建立有效管理資訊安全相關風險的方法。
‧提供聯邦資訊及資訊系統的監督方向。
‧鼓勵使用公部門發展的商業化資訊安全產品。
‧提供各機構自行選擇最能滿足其需求的資訊安全產品的決定權。
‧向國會報告。

## 3.4 資料品質政策的十項準則[6]

必須有一個清楚的政策說明，並將之傳達到組織之每一個角落，組織才能持續並成功的維護其資料品質的努力，而這些努力可支持其商務活動的運作。一個清楚表達的政策，和針對性且詳細的說明，是任何成功進行中的資料品質努力之基礎。

許多組織已經啟動確保資料品質的系列行動，但尚無法永續投入努力來讓資料品質措施能繼續下去。通常是，這些措施由一個能體認到資料品質優化可產生益處的個人或部門積極倡議。結果是，整體行動過程並沒有制度化，組織其餘部門的慣性導致所有資料品質優化的措施，不是緩慢衰退就是突然終止。我們確信，資料品質行動的成功關鍵在於妥適之組織政策的制定，包括與資料產品維護有關的所有部門功能和措施。

一項完整的政策對不同的階層都要說明清楚，從一般性的要點與原則，到這些原則的更詳細、具體的闡述和說明。不但要說清楚資料品質的實

---

[5]　FISMA2014: https://www.govinfo.gov/content/pkg/PLAW-113publ283/pdf/PLAW-113publ283.pdf

[6]　本節部分取自Yang W. Lee, "Journey to Data Quality"

務，比如管理課題、執行、作業課題及標準，也要說清楚資料產品本身的品質。

我們提出十個大方向的政策原則，作為任何組織對資料品質政策的基礎。對於每項原則，我們討論了次階的原則，以及如何可以讓這些原則付諸實踐。請注意，每個組織都應確認所獲致的政策，其運作和原理均適用於該組織所處的環境，並考慮該組織的歷史與文化。

在擬定適用於組織的資料品質政策時，總體目標是此政策的實施將導致資料整體品質的持續改善。有許多問題必須強調：在哪些方面改善最緊要？很明顯的，有些領域將是商務領域和商務流程，其他部分則為資訊科技本身。為了讓公司產生與運用高品質的資料，現有的組織政策可能必須改變。公司也應建立評量政策之有效性的方法。

誰來制定政策也至關重要。資料品質政策應來自於企業的商務單位，而非資訊科技部門。無疑的，資訊科技部門會關注某些事項，諸如備份和恢復程序，以及建立監控改變的紀錄。但在擬定組織資料品質政策時，必須呈現出更寬闊的商務觀點。

管理資訊所需的不同角色必須明確的確定，每個職位的權責亦應明確的指定，而各角色彼此之間的關係也必須清楚。尤其重要者，必須確認對於組織極為關鍵的資料，而且組織內不同的營運單位也需要有共同的認知，對資料可用於反應真實世界的含義和價值，需要有共同的理解。

下述十項政策原則，作為建構一個組織的資料品質政策的基礎，是我們觀察了早期採用者在資料品質操作實務，及資料品質問題基本條件之演化途徑，而凝聚獲得的結果。

1. 組織採取的基本原則是，資料為主要產品，而非副產品。
2. 建立並維持資料品質，將其作為組織商務工作事項的一部分。
3. 確認資料品質政策和程序，與組織的商務策略、商務政策和商務流程對齊並列（Aligned）。
4. 建立明確定義的資料品質的角色和責任，使其成為組織結構的一部分。
5. 確保資料架構與其企業架構保持對齊並列（Alignment）。
6. 採取積極的方法來管理不斷變動的資料需求。

7. 施行實用的資料標準。

8. 規劃落實鑑別及解決資料品質問題的實用方法，及定期檢查組織的資料品質和資料品質環境的方法。

9. 營造一個有利於學習和創新資料品質活動的環境。

10. 建立機制以解決不同利益關係人之間的糾紛和衝突。

## 1. 視資料為主產品而非副產品

　　把資料當作主產品而不是副產品，是總括性的原則。這項原則必須不停地在整個組織中傳達，而且必須是組織精神的一部分。我們相信若不遵從此一原則，任何對資料品質的措施都不能產生長期的、可觀的效益。

## 2. 建立並保持資料品質為營運工作事項的一部分

　　一項有效的政策需要組織保持將資料品質當作營運工作事項的一部分。組織必須了解並文件化資料在其營運策略和作業上所扮演的角色。這就需要辨識公司各商務部門，完成其日常作業、戰術和策略任務所需的資料。也必須清楚地了解到，這些資料是企業競爭的基礎。擬定資料品質政策時，基本的責任不應降等為資訊技術職能。

　　確保資料品質為營運工作事項整體的一部分，其責任在於資深的高階主管。資深高階主管應了解他們的領導是成功的關鍵，他們應積極地善盡領導職責，主動參與，以確保組織的資料品質。

　　改善資料品質可以發現商務流程中可能改進的地方，或者揭露以前未察覺的關鍵商務流程，兩者均對公司的競爭地位有顯著的影響，因此資深管理階層應積極參與資料品質的工作。把保持資料品質當作營運工作事項的一環，意味著將資料視為組織整體組成的一部分。這是當今資料密集經濟的前提。在達成這種整合的行動中，組織應確認並定義其執行商務活動所需的資料，更進一步的，還必須積極地管理其資料品質的實踐。建立關鍵性資料品質效益指標很重要，如情況許可，這些指標必須再被識別、測量和調整，並回饋至商務流程的改善。

## 3. 確保資料品質政策及程序與商務策略、商務政策及商務流程對齊

資料的主要功能是支持組織的營運。為達此目的，必須制定資料品質政策並與組織的商務政策對齊並列（Aligned with）。這意味著我們對什麼構成了資料政策需要有更開闊的視野。其先決條件是，必須具有整合的、跨功能的觀點的資料品質政策。要實現適當的資料與組織政策的對齊並列，需要高階管理人員的參與。如果沒有高階管理人員的積極參與，很可能會出現不協調的情況，然後各種資料品質問題也就會顯現出來。適當的對齊並列（Alignment）將促成將資料品質政策和操作程序，無縫地融入組織作業流程的架構（Fabric）中。

若無適當的對齊並列或視野狹隘，將造成資料品質問題，破壞組織的整體性。導致本來可以避免的衝突。舉例而言，將資料品質政策侷限於資料儲存的技術細節，而忽略了不同決策階層的資料使用，將導致資料與商務流程對位不準（Misalignment）並衍生後續的問題。簡言之，資料品質政策應反映並支持商務政策，不應獨立或隔絕於商務活動之外。

## 4. 建立明確定義的資料品質角色和職責，成為組織結構的一部分

資料品質的各種角色和職責必須明確建立，組織內部應有特定的資料品質職位，而非在危機發生時隨意指派功能部門。尤其要了解，資料品質職能的基本目標之一，是確認資料蒐集者、資料監督者和資料使用者，並讓組織成員知道自己和他人所扮演的角色。

特屬於資料品質的各種角色和職能範圍上，自資深高階主管層級下至分析師與程式師層級。現行實務上的職稱範例包括數據長（CDO）、資訊品質副總、資料品質經理及資料品質分析師。

## 5. 確保資料架構與企業架構保持對齊並列

組織應開發一套對齊並支持企業架構的整體資料架構。所謂的企業架

構，指的是整個組織的資訊及工作基礎建設的藍圖。

　　資料架構有助於提升企業內部對資訊產品的一致性觀點，促進整個組織內部資訊的分享。資料架構反映出組織如何定義每個資料項目、資料項目彼此的關聯，以及在組織在其系統中如何呈現這些資料。它也建立填寫每個資料項目的規則與限制。所有這些對任何資料產品皆為重要的元素，亦即每個資料項目的定義、資料項目與企業內部各單位關係的說明，以及儲存於不同資料庫所受的限制。

　　確保資料架構與企業架構對齊並列並持續對齊並列，需要多項特定的且詳細的任務。例如，設立資料儲存庫對於開發和維護一個可行的資料架構至關重要。組織應產生一套詮釋資料（Metadata）明確定義資料元素，並提供資料的共識基礎。這樣方能在整個組織內有效率的分享資料。遵循廣泛接受的資料管理實務是明智的抉擇。

## 6. 積極管理不斷變動的資料需求

　　消費者的資料需求隨著時間而改變。我們用「消費者」一詞來表示組織內外的任何個人或是企業，使用到該組織資料的使用者。若資料「消費者」有一個不變常理（Constant）要面對，那無疑就是他們所處的環境永遠在改變。這也是組織的不變常理。

　　組織有兩種選擇，一是對環境中的這些變化適時做出反應，或著面對失去競爭優勢、市場占有及和顧客忠誠度的損失。為維持資料的高品質，組織必須對變化的環境與變化的需求保持敏銳的反應。這需要持續偵測外部環境與市場，以及內部資料消費者的需求變化。

　　維持資料高品質也至關重要，如有政策及程序上的變動，其理由應該在整個組織明白的、即時的溝通，指導委員會和公開論壇在傳播這些訊息中發揮了關鍵作用。

　　在此，我們要加以警告。一個組織關注全球資料需求時，亦應注意地區性的需求差異。在今日跨國及全球性公司裡，已經長期存在著當地文化和習俗。這種地區差異必須明確識別並調整政策，以納入那些有意義的地區差異。

## 7. 施行實用的資料標準

大家都同意應該制定標準，但是較爲困難的是，什麼要標準化以及標準本身的規定，卻不易取得共識。有時候，連最基本的資料元素定義要取得共識也相當困難。資料標準涉及多種領域資料實務的應用。下述的幾個問題有助於指導制定實用資料標準的程序。組織應該使用外部標準還是內部自行開發標準？如果使用外部的標準，哪些標準應該被選取？這些標準適用於地區還是全球？這些標準如何及何時進行部署？隨著時間的流逝，有什麼適當的程序可以用來監測與選取改變中的標準？這些標準該如何被文件化並有效溝通？

一個組織應發展所需的程序，以協助組織決定是否選取內部或是外部的標準，以及依據哪些條件。較佳的解決方案是採用由一個組織創建並維持的標準，而該組織並非使用該標準的組織。如果這種狀況是可能和可接受的，就必須決定採行哪種現有的標準。這項選擇可能是從國際間、國家或產業界的標準，亦或是兩個產業的標準，亦或是兩個國家標準之間選取。舉例來說，國際標準組織（International Standards Organization, ISO）有一套標準國家、地區碼。企業的首選應是國際標準，如果其他條件不變，此項選擇將爲企業以最低的代價提供最大的彈性。

如果沒有外界的標準可以援引，則組織應該發展自己的標準，這些標準必須堅守優良資料品質的實務。一旦建立了，這些標準應該易於獲取，並易於在組織內部廣泛的傳達。

並非所有的標準均需企業內部全面施行。某些標準可能僅適用於某些地理區域部分的業務功能。其間的界限應清楚訂定。有可能一項企業標準無法同時在組織內的每個部門現實地，或實際地落實這個企業標準。在此情況下，組織內每個不同的部門採行的時機應包含於執行計畫中。如有需要，針對不同地理區域的執行計畫應被制定。資料品質政策應該明述，將這些標準配置於組織內某一部門所獲得的教訓，應適時傳播給其他已在配置這些標準的部門。

建構的政策應該能管控隨時間而變化的標準。這需要指定誰負責監控並發起變更。通常是，特定資料的使用者會注意環境以發現需要變動的標準。

負責定期檢查資料標準的部門應保持警覺，如果合適，就應該啟動標準的變更。重要的是，當標準變更時，必須具備將變更傳達給組織的政策與程序。

## 8. 規劃落實鑑別及解決資料品質問題的實用方法，及定期檢查組織的資料品質和資料品質環境的方法

　　前述根據特徵判斷方法及評量所產生的務實方法，應加以改進成為組織內部的標準方法。這些技巧可由不同的單位採取與運用，以發展地區性的差異，並與組織整體保持一致。如果持續運用在第四、五、六章描述的特徵判斷方法與稽核技巧，將為資料品質提供歷程時間軸資訊，有助於辨識現存的及潛在的問題。

　　定期的稽核系統以確保它在運作狀態並能達成它的目標，是一種標準實務，對於任何一個運作中的系統都是這樣，不論它是運輸系統、社會系統或資訊系統。定期的檢討，對於資料品質實務及計畫都是必要的。前面已經指出，要讓資料品質計畫偏離正軌，以致喪失任何進展，是太容易不過的事。

　　為避免掉入此一陷阱，定期檢討一個組織的資料品質環境與整體資料品質是必要的。達成此目的一個方法是，採取一項標準評估調查，以評估資料品質實務及公司的資料品質。運用這種標準調查，經過一段時間的多次評估，可以得到一系列評估，公司可用它來測量進度。如果可以取得一個範例組織的評估結果，公司可以進一步用這個範例的結果作為基準，據以衡量自己公司的成效。

　　我們已經開發了這種工具—資料品質實務與產品評估器（Data Quality Practice & Product Assessment Instrument）。這個工具依循對應本章所述指導原則之路線評估其組織。第一部分評估組織的資料品質實務，包括高階管理，以及施行與作業事項。第二部分評估資料產品，包括資料的控制，以及資料的適用程度。舉例而言，這個工具已被有效地的運用在一家大型的美國教學醫院。請注意，這工具所列的項目，也可以用來產生的特定工作。

　　資料認證是和稽核有關的一項實務，交易系統與資料倉庫的資料均須包含在認證的流程中。一個健全的資料認證流程，將確保資料實務與資料產品具有高的品質。因此，必須訂定資料認證政策。政策應明訂資訊來源必須明

確，包括定義、有效值及任何對資料的特殊考量。如果組織用一種新的方式蒐集資料，而且現存的報表也包含這些資料，那麼就必須能展示出可以得到完全相同的報表結果，或以文件清楚說明爲何有差異存在。爲了避免被質疑資料的可信賴度或可相信度，確認並文件化爲何存在差異尤其重要。當資料品質問題出現時，應該建立採取行動的處理程序，這是資料認證的政策與流程的一部分。

當開始執行認證流程時，如果現存報表已決定修改，或爲了要使用更高品質的資料來產生報表而將要修改，很重要的一件事是，必須了解現存報表的使用者可能遭遇的困難。舉例來說，如果因爲來源資料有更好的控制及分類而改變銷售的報表，許多報表使用者對新報表會不適應，因而劇烈的挑戰這些新報表，所以不可低估認證流程的困難度。

## 9. 營造一個有利於學習和創新資料品質活動的環境

有助於塑造學習文化的行動包括，利用一個高階層資料品質指導委員會、建立涵蓋全組織的討論會，以及強調持續的教育與訓練。所有這些均應受到資深管理階層的強力支持。也有其他步驟，可培育一個學習文化。由組織設定一個獎勵政策，如有需要，和懲罰辦法，這些獎懲均爲了達成一個高水準的資料品質，並持續保持高水準。應該鼓勵確認及報告資料品質問題，即使這些問題給管理階層帶來窘境。事實證明，防患問題於未然，遠比讓問題潰爛而導致內部使用者及外部顧客跳腳，給管理者帶來的窘境少得多。員工應該能毫無顧慮地公開報導資料品質問題，因此需要一個正式機制予以規範，特別是透過公開的論壇，讓資料蒐集者、資料監督者與資料使用者能說出及分享資料品質問題，並公開討論資料品質事項。這個做法有高度價值，也有助於蒐集者、監督者與使用者經驗的傳播，並互相欣賞彼此的觀點與角色。

溝通機制可用於了解資料品質的成功因素，及傳播好的解決方案。這種溝通的方法亦能用於分享困難問題、傳播最新的產業基準、研究新發現及相關的事項。應該鼓勵直接參與資料品質問題的員工，去參加資料品質研討會、工作室及產業論壇。簡單地說，組織應隨時參與，這樣的措施必可孕育

一個持久學習的文化。

　　作為一個組織的可行學習環境之一部分，組織應該將產業界所獲得的資料品質改善經驗作為它的基準以及學習經驗。當資料品質行動在一個產業內部並跨產業成長，將會產生新的基準、最佳實務與成功故事。這些應該用來作為組織的得分標記，據以比較自己的績效並改善流程。第一個採行者是其他人的基準，分享第一個採行者所獲利益給其他較落後的組織，可能浮現尚未遭遇的問題。對第一個採行者而言，這是重要的回饋，有助於即時分析來預見將來的問題。

　　在增進一個組織整體資料品質流程中，必須為我們前面已提過的參與資料品質流程的每一個主要角色：資料蒐集者、資料監督者與資料使用者，建構教育及訓練計畫。為增進這個流程的效果，並確保企業的資料需求有被遵行，對於每位角色的訓練計畫必須是量身打造。除了所有角色都需要核心資料原則及資料品質政策的訓練外，組織還要對每種角色提供特別的訓練。對於資料監督者的訓練闡述已多，他們常任職於傳統資訊科技部門。需特別注意的是，要確認資料蒐集者及資料使用者，了解他們在整體資料品質環境中所扮演的關鍵角色。這種訓練應提供給企業的利益關係人，特別重要的是資料蒐集者，他們必須了解資料使用者為何及如何使用資料。當資料蒐集者輸入資料時，必須遵守資料品質原則，雖然他們不是這項活動的主要受益者，他們在資料輸入工作中的分量也通常未得到適當的評量。資料使用者對於他們所接受的資料品質會有關鍵性的回饋，包含資料是否適合需求，這個功能包括告知資料蒐集者資料需求的變動。資料監督者必須體認，他們雖不是直接負責資料，但他們必須了解資料的目的及用處。如同資料蒐集者一樣，資料監督者應該了解資料使用者如何及為何使用資料。

　　資料品質政策、良好的資料實務及其原則、有效的資料品質訓練，以及組織內部的溝通，其重要性之高不需要再強調。這些資料品質實務中常被忽略的部分，代表著資料品質流程的成功與失敗。

## 10. 建立機制以解決不同利益關係人之間的糾紛和衝突

　　資料政策爭議、法律爭議、資料定義無共識，以及資料運用爭論都會發

生。組織必須建立一種機制或一組相關的機制，以化解這些差異，以及任何可能產生的衝突。這可以是公司不同階層的一組階層性的機制，其型式較不重要，重要的是，明文規定每一階層的責任與權力。許多衝突化解技巧及機制均可採用，但所使用的技巧與機制必須符合組織的商務策略及文化。舉例說，運用指導委員會、資料品質會議、資料品質工作小組，或資料品質評議會，其責任範圍、權力大小，及明確的報告與溝通路徑均須明確，若模糊不清將讓此化解機制失效。

最主要的是，應保持這些爭端與解決方案的歷史紀錄。這種機構的記憶，將為組織適應變動的未來環境提供良好的服務。

## 3.5 2018年「基於證據的政策制定基礎法案」

我們已經說明如何在一個組織中訂定政策與策略並加以執行，本節將提出2018[7]基於證據的政策制定基礎法案，以改善重要政策決擇所需的證據的取得，如表3-1所列。此法案包括三個主要區域：

· 加強私密性保護：私密保護在政府部門已經很周密，但當他們被使用得更多時，還可改善以保護機密資料。

· 改善來源資料之摘取：政府部門已蒐集的資料具有大幅增進政策訂定所需證據之量與質，當私密保護加強時，立法草案也包括改進來源資料摘取的數項建議。

· 增進政府的能量：與CEP的認知一致，僅改善資料摘取機密保護，並不能驅動儲存於政府部門的證據增加，此法案也包含CEP的建議，以增進政府產生及使用證據資料的能量。

---

7 Source: https://bipartisanpolicy.org/blog/congress-provides-new-foundation-for-evidence-
-based-policymaking/

## 3.6 阿肯色州數據長案例

　　在第二章，我們敘述美國阿肯色州如何設立一個資料驅動的任務編組，特別是有幾個建立他們的資料政策及策略的關鍵步驟。我們將這些步驟列在下方，詳細內容可參閱第二章。

1. 完成被挑選的州政府部門資料需求之差異分析草案。

2. 對全州資料倉庫開發計畫進行可行性分析及成本研究。

3. 與隱私長（Chief Privacy Officer, CPO）研商，發展一個資料標準及規格。

表3-1　2018證據基準政策創定基礎法案引用CEP建議概要

| 標題 | 法案節數：CEP建議 |
|---|---|
| 加強私密保護 | |
| 設立資料政策之官方單位 | 101(a)（§314）; 3-3 |
| 指定數據長CDO | **202(e)（§3520）; 3-3** |
| 明文化設計的政策指引#1 | 302(a)（§3563 and 3572(b)）; 3-4 |
| 概括性的資料敏感性之危機評估與分析準則 | 303(a)（§3582）; 3-1 |
| 改善來源資料之摘取 | |
| 建立證據構建所需資料之資訊委員會 | 101(a)（§315）; 4-2 |
| 以詮釋資料（Metadata）設立並更新資料庫存 | 202(d)（§3511）; 4-5 |
| 提供統計分析活動所需資料發展 | 303(a)（§3581）; 2-3 |
| 單一的程序供研究者摘取資料 | 303(a)（§3583）; 2-8 |
| 改進研究計畫所用機會資料之透明度 | 303(a)（§3583(a)(6)）; 4-3 |
| 增進證據建構能量 | |
| 要求局處機構編製證據建構計畫（學習日程表） | 101(a)（§312）; 5-2 |
| 確認評估指認官員的評估功能及書面評估政策的要項 | 101(a)（§313）; 5-1 |
| 確認評估指認官員的評估功能及書面評估政策的要項 | 101(c); 5-1 |
| 設立執行長審議會 | 202(f)（§3 520A）; 5-3 |
| 改進資料機會標準及解密方法 | 302(a)（§3562）; 5-3 |

4. 與CPO及資料透明度審議小組研商，評估並確認哪些州政府部門的資料可
   以公開。

## 3.7 進攻性與防禦性的資料策略

　　數據長應該採取進攻性及防衛性的資料策略，並視不同的情況，製定
合適的績效管理計畫。在此，我們列出建立進攻性及防衛性策略的構想與考
慮。

### 1. 進攻性策略

‧確認執行中的高階主管（C-Suite）專案以創造市場價值。

‧對營收及市場占有率的貢獻。

‧更有效的運用顧客資料及加長上市時間來改善產品。

‧將組織的資料資產轉化為貨幣。

‧運用高品質的資料以達到作業效率。

### 2. 防衛性策略

‧運用先進的分析方法以節省IT基礎設施成本。

‧防禦資料破壞並辦認竊賊。

‧積極的整治資料品質問題（在問題出現前發現）。

‧財務及監管上的反應。

‧分析以偵測並清除多餘的資料。

# 第四章

# 資料治理[1]

"Data Governance: Deliver high-quality data
to support business offensively and defensively."
"Data Governance: Easier said than done"
-Richard Y. Wang

本章介紹資料治理（Data Governance, DG）的背景與概念。

在歐洲中世紀時代，管理一個人的錢財意指暗藏在一個花瓶或床墊裡。今日，管理我們的錢財不僅要確保它們的安全，而且要管理它們，讓它們為組織增值。過去數十年，企業運作已經從床墊轉型為資訊資產的積極管理以期待價值回報，資料治理就是將組織的資料處理及資料運用，與組織的策略及目標保持一致的功能。今日成功的組織中，資料與企業策略分不開地聯結在一起。每一個組織的成功有賴於能掌握資訊的蒐集、處理及運用。

資料治理功能（Data Governance Function, DGF）是數據長辦公室的基本功能。對企業而言，如果把各公司ERP系統的資料整合到SOA-ERP系統中，就有現成的資料字典、商務詞彙表和資料元素型錄，而這些資料元素的真實來源，在轉入資料時都有記錄。多公司、多系統、多模組共用的主資料也在SOA-ERP系統中的核心模組維護，讓各公司的系統來參照。這個跨企業的SOA-ERP系統也能扮演和資料有關的企業追蹤系統，並能評量及監測組織資料品質。

---

[1]　本章內容部分來自Gwen Thomas、Elizabeth Pierce and Rashida Dorsey

## 4.1 定義資料治理

　　根據某些估算，高達94%的企業不是已有正式的資料治理計畫正在施行，便是正在計畫施行，雖然此一估算不易確信，因其資料治理定義範圍太廣（例見後）。有些定義範圍較狹窄，只限於與資料治理或其他功能一致，而其他則為泛組織的政策。組織尋求資料治理基於不同的原因，有些為了防備危機，有些為了改正內部運作，更有些為了支援新的產品或服務。受這些不同動機的驅使，有些組織施行資料治理的某些面向而忽略其餘，或僅對其資料資產援引資料治理的原則，而忽略其他的。

## 4.2 資料治理框架

　　資料治理的工具、架構及顧問很多。但，沒有兩家組織完全相同。工具與架構對一個組織有效，對另外一個可能無效，所以，執行資料治理應適合組織的目標、結構及文化。舉例而言，已經證明，視組織需要CDO的職責有八個面向。

　　前文中，我們將資料治理定義為，符合組織策略與目標之資料的取得、運用、完整性及安全的整體管控。一個健全的資料治理計畫包括：
・一個管理組織或審議會
・一個既定的程序
・一個確定的知識庫（如字典、規則、文件）

　　建構一個完整資料治理計畫可以確保資料能夠支援組織的使用，同時能最小化成本與風險。下面我們將介紹資料治理功能（Data Governance Function, DGF）的一般性架構，以及有助於建立與溝通上述確定的程序及知識庫所需工作。

## 4.3 資料治理部門的架構

　　有幾個資料治理的一般性要點適用於大多數狀況。一個典型的資料治理

之三部分組織（圖4-1）包括：資料治理辦公室、負責決定優先順序及解決
衝突的決策小組，及散佈在組織內部的資料工作者。在有些組織，資料工作
者可能是某些部門的員工如銷售、進貨、製造、工程等業務單位，他們使用
資訊系統並站在資料蒐集的第一線。

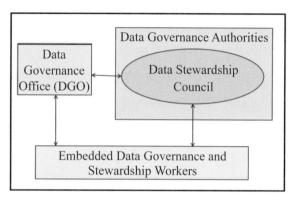

圖4-1　典型的資料治理三部分組織

　　在一個組織內運作資料治理功能看起來可能會如圖4-2所示。應有一位
負責資料治理功能（DGF）的人員監督資料治理辦公室（DGO），而DGO
的組織規模應以能適當地支援資料治理運作所需為標準。

　　DGF負責人直接與組織高階主管溝通，並可直接向CDO報告。而組織
高階主管在資料治理運作中所扮演的角色是推動DGF，並做高層次的抉擇，
如優先順序及爭端處理，他們的作用是解開繩結。舉例而言，組織高階主管
應出面決定資料及資訊系統基礎設施的經費優先順序；組織高階主管也應慎
重考慮，當採用一項創新時，這個組織的未來走向。

　　DGF負責人在組織內也要與商務及技術經理溝通。商務與技術經理的職
責包括：辨識利益關係人並與之協調、執行資料治理計畫、制定資料管理程
序及標準、滿足在組織程序中資料治理的需求，並確保這些程序毫無偏差地
執行，以及監督並核准校正舉動。

　　DGF負責人或其他資料治理辦公室（DGO）人員也與組織內的資料工
作者溝通，這些資料工作者通常是專職員工，或散佈在組織商務單位的人
員，他們是資訊系統及資料蒐集、處理，及供應鏈的專家，他們也經常是執

行與資料有關的政策及程序來落實資料監測、異常處理與交易處理的人員。資料工作者常會是問題的發現者與報告者，也是發展、執行及監測校正行動的個人。資料工作者依序與企業內之資料及系統使用者互動。企業使用者提供及消費資料，聰明的企業使用者也會變得忠誠，而且是精明的問題辨認者與提報者。

　　雖然不同的組織之間，其架構、職稱、組織責任似乎有些差異，但圖4-2所顯示的組成要素通常都會顯現，所有這些角色對成功的資料治理都非常重要。DGF的首要工作是定義及管理資料工作的計畫，領導一個資料治理審議會給CDO提出資料政策及標準的建議。一旦設定了組織架構，DGF應設立執行資料治理的程序，有三個關鍵的程序：

・規範性的：資料政策如何產生。

・執行性的：資料政策如何施行。

・裁判性的：資料政策的衝突如何化解。

　　舉例而言，規範性部分包括資料保護程序的確定與管理（如安全性、秘

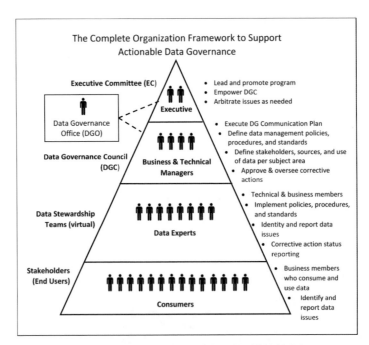

圖 4-2　支援資料治理之組織架構的範例

密性、敏感性及機密資訊），以及主要資料分析、統計和合併的資料標準。當執行一項資料政策時，DGF應降低不當登入所產生的不利。如果有政策與文件要求符合管理及規定，DGF的一項功能是向商務導向的IT管理審議會報告，以預防對於資料政策可能的衝突。這些程序之外，DGF應運用已經確定的知識基礎，以確保機構之內，正確而有效的資料運用。這包括：確保資料資產準確、可靠、可跨作業運作（Interoperable）及一致性，達成該目的一個方法是部署並管理資料品質監測系統，並且從概念性（商務）模式下至實體模式（如資料欄位、訊息及詮釋資料）所獲得的敏感資料，確保其定義一致性。如果有任何改變，DGF需要確認修正的資料欄位、資料訊息及資料模式。

　　當整套資料治理程序實施時，我們需要企業中每一位成員都能遵從並參與，溝通政策與相關知識是資料治理的重要工作之一。DGF可以運用網站、訊息、資料服務平臺入口網、年度報告和會議作為溝通管道。另外一項有用的實務是，找出接觸點以溝通或強化這個程序。DGF應該思考這些讓大家與資料治理保持互動的接觸點該如何建構。下述列出幾個可用的接觸點：

・新進人員說明會。
・人員職務調動，定期評估。
・專案計畫進行期間。
・當獲取新資料來源時。
・當舊資料來源退役時。
・預算會議中。
・審議會議中。

　　DGF還要隨時追蹤確認程序是否有效，或者辨認哪些地方有待改進。為達此目的，DGF也需要確定商務指標以確保商務報告保持一致，並能確實反應商務的真實狀況。在此列舉幾個指標範例如下：

・資料治理對於組織使命的貢獻有多大？
・資料治理的內部績效（成本及效率）？
・顧客及利益關係人的滿意度？
・公司資料資產的知識與創新？

每個組織都應定義他們的任務及符合他們需求的指標。

## 4.4 資料治理部門需處理的挑戰範例

若一個組織的資訊來源有好幾個，此時最需要資料治理，這種情形經常發生。舉例而言，當一個領先的醫療系統導入單一電子醫療記錄或電子病歷（Electronic, Health Record, HER）系統時，超過200個資訊系統除役。在實施《電子病歷》之後，該組織還保留了50多個資訊系統。同時有多個資訊來源對組織形成挑戰，比如說，對於相同主題之相同資訊存在多個來源。在這種情況下，資料治理可確保一個眞實資訊來源。尤其是，若同樣主題的資訊爲多個系統使用並且對組織都很重要，則資料治理將集中控管並提供給需要的系統。

善用資料需要對組織內的資料資產具有足夠的知識。所以，維護資料資產的庫存通常是DGF的關鍵和初始步驟。一旦資料被其他地方複製，或爲下游流程使用，就必須保持資料元素與下游流程的關聯，以便上游的更改可以與下游資料用戶進行事前的討論，或徵得其同意，甚或是僅告知下游資料用戶，這就是所謂的同步。資料治理常關注於此種變動的管理，以確保資料用戶能獲得正確的資訊。

爲強調以上所述的挑戰，DGF通常具有下述功能：

- 來源系統的辨識與資料庫存及其資料字典。
- 維護資料元素的操作性定義（通常稱爲商務詞彙表）。
- 維護資料元素型錄（有時稱之爲實際資料集合之登記表）。
- 指名資料元素的眞實來源。
- 啟動「正向資料控管」（來源系統中的資料、目錄、商務詞彙與資料運用，如報告或下游資料處理之間的同步）。
- 維護主資料（和關鍵主體有關的資料元素，如客戶、產品、位置、事件等被多個資訊系統所使用的資料）。
- 維護參考資料（標準或管制下的用詞，包含用於多種資訊系統的標準代碼，如郵遞區號、產品代碼、員工代碼、建築物代碼等）。

- 維護一個企業商務規則的儲藏庫（資料限制，如規定性的遵行規則及資料品質規則）。
- 和資料有關的企業追蹤系統。
- 定義並管理必要的定義性及運作性詮釋資料。
- 評量及監測組織資料品質。

## 4.5　常見資料治理的錯誤

　　採用他人的計畫、公式或框架進行資料治理，卻缺乏深切了解是有風險的，並已被斷定為導致組織資料治理失敗的重要因素（Dyche and Nivala, 2017），並也會浪費大量資源。本節列出了幾個所有組織都應該避免的常犯的錯誤。

### 1. Dyche and Nevala於2017年的文章中指出

- 錯誤 #1：錯誤定義資料治理。
- 錯誤 #2：準備、射擊、瞄準、錯誤設計資料治理。
- 錯誤 #3：過早成立審議會。
- 錯誤 #4：將資料治理當成一項專案計畫。
- 錯誤 #5：忽略現有的指導委員會。
- 錯誤 #6：未注意文化背景考量。
- 錯誤 #7：過早投入資料治理。
- 錯誤 #8：對某一贊助者期望過高。
- 錯誤 #9：依賴強打。
- 錯誤 #10：執行時配套不全。

### 2. John Talburt之五個常犯的錯誤

- 缺乏權威性：無書面的政策、標準、原則、規定或協議。
- 基礎建構不足：缺乏經費與時間分配，無管理人員。
- 政策與權力鬥爭：資料治理應保持中立。

‧缺乏參與：需要關鍵多數才能成功。

‧被視爲產生低價值：必須展示與溝通資料治理的價值。

## 4.6 美國國防部數據長案例

　　2010年，美國陸軍任命了它的首位數據長。作爲CDO的最初工作是建立陸軍資料局及資料總管制度（Data Stewardship）。部門經理被指派來負責發展、執行並強化組織的資料標準、流程和程序。

---

**Data Not Shared Across the Enterprise**

# Who Owns Data?

The only person in the Army who owns data is the Secretary of the Army. Everyone else is a caretaker or maintainer of data.

-- The Honorable Thomas E. Kelly III
Deputy Undersecretary of the U.S. Army
NIMH Army STARRS Coordination Meeting
Army Health Promotion Risk Reduction Suicide Prevention Report 2010

---

## 4.7 阿肯色州數據長案例

　　美國阿肯色州政府努力建立由資料驅動的任務編組。2017年通過法案，設立資料透明度審查小組，小組的資料治理工作綜述如下：

‧促進各機構指定資料管理員給個別資料表屬性。

‧促進各機構開始與CDO辦公室合作建立治理政策。

‧審視CDO辦公室的架構計畫書並討論資金預算。

‧促進各機構確認資料來源（例如地址）。

‧促進各機構就資料子集合達成共同協議，這些子集合如適當地消除隱私識別內容，就可以長期保有以作延伸運用。

　　2019年，他們又通過了另一件法案，建立資料分享及決策的任務編組，這個任務編組將研究及調查實施全州資料共享服務模型的可能性。

# 第五章

# 資料品質常見的問題模式[1]

**"Ten Potholes on the Road to Clean Data"**

-Richard Y. Wang

　　要利用資料做事必須先了解資料、相關的商務流程和背後的企業策略。數據長須具備資料品質的觀念才能看清問題的眞相和可能的解決方法。爲了改善組織的資料品質，首先必須了解當前的資料品質情況。如果沒有全面了解資料品質問題在組織環境中的高度複雜性和重要性，便無法完成提升資料品質的任務。例如，當資料消費者說：「我無法存取這個資料」時，可能代表一個複雜的情況，可能涉及幾個資料品質維度的交互作用，如安全問題、資料無法查找或資料命名和表述的錯誤。此外，有一個資料品質的調查研究也印證了一個觀點，即在組織中資料的可存取性十分低。通常情況下，這個看似簡單的資料品質問題並不是單獨發生的，它涉及一些累積下來的、漫長的和隱藏的過程。這意味著一定有一些根源條件，最終會導致資料使用者在使用資料時陷入困境。因此，爲了有效提高資料品質，組織必須認眞診斷和改善特定情境下的資料環境。此處的資料環境，是與資料的蒐集、儲存和使用相關的領域。資料環境不僅包括資料庫系統和資訊系統的基礎建設，同時也包含相關的任務處理機制、規則、方法、行爲、政策、文化等方面，它們同時塑造和影響一個組織的資料品質。資料品質問題不僅存在於自動化的電腦環境，也發生在人工操作的商務流程中，或者人工操作和電腦化相結合的環境中。本章討論的模式和解決方法，可以同時適用於人工操作環境和

---

[1]　本章部分取自Yang W. Lee, "Journey to Data Quality"

自動化環境。本章將辨識和分析在組織中可能會發展成爲資料品質問題的十種根源條件。我們建議組織積極採取干預行動，阻止並逆轉根源條件的負面發展，提高資料品質。

## 5.1 資料品質問題的十個根源條件

本章介紹的十個根源條件，來自幾個先進企業的資料品質專案的詳細且深度參與之個案研究和內容分析。它們都是常見的根源條件，如果不加以解決，隨著時間的推移，它們會導致資料品質問題。相對的，如果適當的干預這些條件，則問題會變成改善資料品質的機會。干預措施可以是短期的臨時補救，也可以是長期的解決辦法。顯然，長期的解決辦法是更加合適和理想的干預措施。十個根源條件如下：

1. **多個資料源**：當同樣一個資料擁有多個來源時，就會產生不同的數值。這可能包括在過去某個時間點是準確的資料。

2. **資料產生過程中的主觀判斷**：如果在資料的產生過程中存在主觀判斷，則會導致有偏見的資料。

3. **有限的計算資源**：缺乏足夠的計算資源會限制相關資料的可存取性。

4. **安全性和可存取性之間的權衡**：資料的易存取性會與安全、隱私和保密的要求發生衝突。

5. **跨專業領域的編碼資料**：辨別和了解來自不同部門和專業領域（Disciplines）的編碼資料很困難，這些編碼之間也可能會有衝突。

6. **複雜資料的表示**：欠缺跨文字和影像實例之自動化內容分析演算法，非數字資料很難做出可以找到相關資料的索引。

7. **資料量**：如果資料庫儲存的資料量過大，那麼資料消費者難以在合理的時間內存取其所需的資料。

8. **輸入規則過於嚴格或被繞過**：如果輸入規則過於嚴格，則會出現不必要的控制並導致丟失某些重要資料。資料輸入人員可能會爲了騙過系統而跳過某些欄位的輸入（丟失資料），或是擅自改變這些數值，使其符合輸入規則並通過編輯檢查（錯誤資料）。

9. **變動的資料需求**：當資料消費者的任務和組織環境發生變化時（如新的市場、新的法律要求、新的趨勢），相關的、有用的資料也會隨之改變。

10. **分散的異質系統**：分散的異質系統如果沒有適當的整合機制，會導致其內部資料的定義、格式、規則和數值不一致。可能在資料的流動過程中丟失或扭曲資料的原本含義，隨後可能因為相同或不同的用途，被不同的系統、時間、地點、資料消費者檢索。

## 1. 多個資料源

當同樣一個資料擁有多個來源時，則可能產生不同數值。設計資料庫時不建議在多個地點儲存或更新同一個資料，因為很難確保資料的多個副本在更新後仍保持一致。使用幾種不同的過程，同樣可能使同一資料產生不同數值。例如，某醫院使用兩個不同的程序評估重症加護病房（ICU）患者的病情嚴重程度：(1)入院時專家對患者的評估、(2)ICU護士工作時對病人的觀察。毫不奇怪，這兩個評估結果可能完全不同。然而，醫院帳單和其他報告卻需要一致的數值。

組織中經常出現這種情況，因為為不同目的而設計的系統需要輸入相同的資料，如臨床使用的系統和財務使用的系統，都會用到疾病嚴重程度這個資料。這些獨立開發的系統在蒐集相同資料時，可能會導致平行但略有不同的過程。

通常情況下，從多個來源生成相同的資料可能會導致嚴重的問題。例如，帳單資料產生了高於臨床資料允許的報銷額度，醫院可能會遇到財務和法律問題。資料的不一致也可能導致消費者質疑資料的可信度，從而不再使用該資料。

這種資料品質的根源條件往往被忽視。組織內部的多個生產流程仍繼續運作，並持續產生不同的資料值。因為資料消費者們使用不同的系統，所以這個根源條件很可能不會被察覺，例如，臨床消費者只獲取臨床資料，而其他的消費者則獲取財務資料。短期的修補措施是，組織內部可以保持兩個系統，但只使用其中一個系統來編製帳單。如果該醫院對病人的病情評估結果總是有差異，那麼就需要改進醫院的流程。

對於長期措施來說，需要重新審視資料生產的流程，資料是如何產生的？例如，我們研究的一個醫院決定爲ICU病情的嚴重程度使用通用的定義，並採納可以產生一致定義的流程。爲了實現這個流程，醫院改進了其電腦系統。

長期措施還包括設立兩個規則。第一，禁止同義詞的使用：不同的群體不能對同一個資料項目或者程序使用不同的名稱。第二，禁止同形異義詞的使用：代表不同內容的資料項目不能有相同的名稱。也就是，一個資料項目不能有兩個名稱，兩個不同的資料項目不能有相同名稱。如果允許有效的同形異義詞，則應該在它們在資料字典中記錄，並在整個組織中共享這個資料。

## 2. 資料產生過程中的主觀判斷

如果在資料產生的過程中存在主觀判斷，則有可能會產生有偏見的資料。人們往往認爲儲存在組織資料庫中的資料是一組事實。然而，這些「事實」的蒐集過程可能涉及主觀判斷。前面提到的評估病情嚴重程度就是一個很好的例子。另一個例子是那些代表確診的疾病類別，和處理程序類別的醫學代碼。儘管我們有代碼的編碼規則，醫學編碼者還是需要練習正確選擇代碼的判斷力。

當資料消費者意識到某些資料生產過程中存在主觀判斷因素，他們可能會刻意避免使用這些資料。因此，那些需要花費大量人力判斷過程而蒐集的資料，可能無法爲組織提供足夠的價值來證明它們值得蒐集。

資料消費者往往不易察覺這一類資料品質問題，因爲他們並不知道資料產生時使用了多少主觀判斷。他們可能認爲在計算機系統中儲存的資料比保證的資料更眞實。如果想要修正這個問題，則意味著需要增加更多的生產規則，來處理在類似的潛在事實下生成的資料的變異。

我們並不打算在資料的生產過程中消除人爲判斷。這將嚴重限制可以提供給消費者的資料，因爲有些資料只能依賴主觀判斷產生。針對這個問題，我們可以採取的長期措施包括以下幾點：更好、更廣泛地訓練資料採集者，加強資料採集者的商務領域知識，並且明確地聲明和溝通關於特殊的主觀判

斷的使用。

## 3. 有限的計算資源

　　計算資源的缺乏限制了相關資料的可存取程度。例如，一家航空公司採用不可靠的且頻寬不夠的通信線路，來存取和維護飛機的備用零件庫存資料。結果，並沒有記錄到所有的庫存交易，從而使得資料庫中資料不準確和不完整。某個健保組織（HMO）沒有為所有員工每人配備一個終端系統，這減少了該組織的資料存取能力和生產力。此外，有些任務的完成是建立在不完整資料的基礎上，這導致較差的決策。

　　時至今日，雖然大多數知識工作者均在辦公室擁有一臺個人電腦，並有可靠的通信線路，但計算資源依然有限。例如，在當今日益增長的連線環境中，頻寬成為一種有限的資源，但是對更新、更快、更好、配備高頻寬通信線路的計算機的需求永遠存在。正如資料消費者所抱怨的，要在短期內解決這個問題需要為其提供更強大的計算能力。

　　某些組織已經開發了技術升級的政策，作為解決此問題的一個長期方案。例如，一些大學已經決定定期升級其學生實驗室中的電腦，以滿足當前電腦系統的標準。此外，可以按消費者預算來分配更多的計算資源基金，以確保資料消費者可以更好地利用該基金。另一方面，對使用電腦的資料消費者收費，可以更有效地使用現有的電腦。

## 4. 安全性和可存取性之間的權衡

　　資料的容易存取、安全性、隱私性和保密性的要求，從本質上來看是互相衝突的。對於資料消費者而言，必須可以存取高品質的資料，然而，為確保資料的隱私性、保密性和安全性，我們需要設置存取權限。因此，高品質資料的可存取性和安全性目標發生衝突。例如，病人的醫療記錄包含機密資料，但分析員需要存取這些記錄用於展開研究和做出管理決策。使用病人的病歷需要法律部門的許可，所以可以實現保護患者的隱私。對於消費者來說，獲得高階權限是存取資料的一個障礙。

　　一個短期解決隱私性、保密性和安全性問題的方法，是當問題出現時制

定臨時解決方案。例如，如果無意洩露病人罹患愛滋病毒（HIV）的情況，則應該開發新的程式來防止資料的再次洩露。開發這些新的程式，可減少合法任務的資料存取阻礙。

作為長期解決方案，對於所有資料，在其第一次被蒐集的時候，就應該開發出針對隱私性、保密性和安全性的政策和流程。根據這些政策，需要開發出一致的標準流程，來評估存取所需要的最少精力和時間。資料消費者通常承認資料隱私性、保密性和安全性的需要，並願意遵守合理的規則。然而，只有整個組織內部充分溝通和共享安全性、保密性的新定義、新內涵，這些規則才能成立。

## 5. 跨專業領域的編碼資料

來自不同專業領域的編碼資料非常難以識別和理解。隨著技術的進步，蒐集和儲存多種類型的資料，包括文字和圖像，成為可能。主要問題不是電子儲存本身，如何表達這些資料以做到易於輸入和易於獲取，才是重要問題。

比如醫院病人護理的記錄，醫療編碼員會閱讀這些記錄，並把它們歸類到已有的疾病相關組的編碼中，從而便於編制帳單（Fetter, 1991）。但是詳細的記錄仍然留在紙上，因為把這些詳細的記錄轉化為電子版需要花費大量成本，需要花費時間來辨認這些記錄並輸入它們。一些資料，尤其是病人的出院病歷總結（Discharge Summary），是由醫生口述然後轉錄成電子形式，越來越多的醫生以電子形式輸入資料，越來越多的醫院使用電子表格。成像技術的進步使得儲存和檢索圖像也變得非常容易。

隨著資訊技術的儲存和檢索能力不斷提高，組織需要決定資料的儲存數量和類型。就代碼而言，完全理解代碼所需的商務領域知識，如醫療、工程等，必須告知資料消費者。為達到此目的，這些專業知識需要編碼並提供給消費者。從長遠來看，這是一定會發生的。

在可能範圍內，相同分類的不同代碼應該能做出對照圖。這種情況下最好採用同一個代碼。當這種解決方案無法實現時，維護對照圖可能會更符合成本效益原則。有一種情況應予以避免，即電子化的儲存資料花費了很高的

成本，但提供給資料消費者的資料品質只有很少或沒有改善。

## 6. 複雜資料的表示

　　時至今日，還沒有跨文字實例和影像實例之自動化內容分析的進階演算法。這一類非數字資料很難做出可以找到相關資料的索引。

　　雖然資料消費者可以存取非數字資料以及分佈在多個系統中的資料，但他們需要的不僅是存取。他們需要資料的匯總、處理及識別變化趨勢。這個問題顯示出，只是在技術層面上把資料提供給了消費者，但卻讓其難以分析。

　　分析師和醫學研究人員需要分析電子圖像，其分析方式與用統計匯總和趨勢分析技術分析定量資料的方式相同。基於這個原因，我們所研究的一個醫院，並沒有用電子化的方式儲存所有文字和圖像。除非醫院可以自動化的分析數個X光片，以確定病人是否罹患肺炎，並可以通過計算多個X光片的發展趨勢來研究ICU病人罹患肺炎的趨勢，否則電子化儲存這些資料將不是十分有用。

　　醫院在患者治療中需要評估病情的發展趨勢，評估所需的治療資料儲存在醫生和護士的記錄中。在醫療行業中，通過使用編碼系統總結文字內容的方式，部分解決這個問題。如果想完全解決這個問題，則需要解決一個相關問題，即分析儲存在不同系統中的資料的難度。簡單地提供給消費者存取每個系統的權限及資料，並不能解決從儲存在多個系統中的資料，分析其趨勢的問題，這些資料具有不一致的定義、名稱或格式。

　　這個問題也涉及到第十個根源條件，即分散式異質系統。我們可以用很多方式修補這個問題。例如，從根本上而言，各種編碼系統是協助分析文字資料的修補程序。在不同系統間匹配欄位的程序，則是為了協助分析跨系統的資料。這些修補程序產生了更多的問題，首先，這些修補零碎地解決了問題的一小部分，如匹配程序只能針對特定欄位。為了解決整個問題，需要數個修補；其次，這些修補可能是不完整的，或者會引起其他問題。匹配跨系統的名稱，例如使用Soundex演算法，可能無法找到正確的匹配。如果資料消費者需要理解代碼，那麼以可分析格式製定的，以總結資料為目的的編碼

系統將會產生分析方面的問題。

　　此問題的長期解決辦法涉及到資料技術及其應用的發展。資料庫和普通資料字典可以提供部分問題的解決方案，如分析跨系統的結構化資料。分析圖像資料的演算法正在取得很大進展。在一般情況下，儲存新類型資料的能力，往往在分析該資料的能力完全成熟前發展出來。

## 7. 資料量

　　儲存的資料量過大使得很難在合理的時間內獲取所需的資料。正如人們常說，「更多資料」不一定比「更少資料」好。對於那些負責儲存和維護資料的人，以及那些搜索有用資料的人來說，大量的資料意味著麻煩。例如，某個每小時產生成千上萬帳單交易的電話公司，客戶們期望電話公司業務代表，立即存取他們的帳單紀錄來回答計費的問題，亦或是某個健保組織（HMO），每年產生超過100萬筆病人行為紀錄。對於任何疾病，分析疾病趨勢和已經有好幾年時間的治療程序，可能只涉及到幾千個紀錄，但這些紀錄必須從數百萬個記錄中選出。醫院每年有上萬的患者，並產生12千兆字節的作業資料。多年度的趨勢分析，現在正成為健保組織（HMO）的一個問題。

　　資訊系統的專業人士擁有儲存大量資料，並提供高效存取供其使用的標準化技術。使用代碼來壓縮文字資料就是一種這樣的技術。例如，醫院系統採用一種編碼方案來儲存病人的信仰，如用1代表宗教A，用2代表宗教B，依此類推。雖然這些編碼方案很常見，但可能對消費者產生不必要的負擔，因為他們需要解釋顯示在計算機屏幕上的編碼資料。一位消費者說：「我透過黏到終端上的便利貼的數量，來判斷一個計算機系統的品質。」便利貼是消費者理解所顯示資料的實際含義的記憶輔助物。這個問題也涉及到第五個根源條件，即跨專業的編碼資料。更新、更先進的圖形用戶介面應該有助於減少這類問題。

　　如果想長期解決這個問題，那麼需要準確地蒐集各種需求，以及權衡所需要的額外儲存空間、額外查詢時間以及需要的決策速度。顯然，必須按照便於檢索和使用的方式組織資料，提高存取性的方式之一是提供匯總資料，

但是，只有得知資料消費者的確切需求，才能完成這個目標。

在健保組織（HMO）的案例中，短期的解決辦法是執行週末批次資料提取，下載相關記錄用於歷史分析。這個臨時下載顯著地增加了存取和分析這些資料所需的時間。長期的解決辦法是創建一個額外的資料庫，包括過去的十幾年中的年度作業資料的一個子集。這個新的資料庫儲存在一個易於存取的用戶端、服務器系統中，並且每週更新一次。組織透過設計和管理這個資料庫，擺脫了反復修正的方法，建立一個可以永久解決其大資料量問題的辦法。

## 8. 輸入規則過於嚴格或被繞過

過於嚴格的資料庫編輯規則加入了不必要的資料輸入控制，可能會導致資料丟失了某些重要的意義。過於嚴格的輸入規則可能會產生丟失或錯誤的資料，因爲如果資料輸入人員爲了遵守這些規則，會利用隨意改變數值以便放入某個欄位，從而使其通過編輯檢查，或因爲某數值無法放入欄位而跳過它。

正如我們所指出的，提高資料品質需要關注的不僅僅是準確性這個維度，同時也必須考慮到對獲得的資料的可用性和實用性。因此，我們關注的重點不只是在錯誤上，同時也在系統性和結構性問題上。產生資料的過程中有些錯誤是系統性問題，例如，習慣性的沒有將資料輸入電腦。雖然在資料產生過程中的任何地方都可能會出現錯誤，但是在資料產生過程中發生的系統性錯誤十分關鍵，因爲它們在臨時審查中不易被發現，並會影響整個系統。

在醫院的個案中，門診手術的所有代碼都沒有輸入到健保組織（HMO）的電腦中，因爲輸入編輯檢查拒絕了這些無法識別的代碼。這種情況在使用這些資料做分析，但產生了可疑結果的時候才被發現。一項調查揭露出習慣性的沒有將資料輸入電腦，這個情況在購買新的資料輸入系統之後就已發生。由於資料輸入員沒有收到投訴，所以他們認爲這些資料並不重要。恢復這些資料的成本很大，甚至根本不可能恢復，所以這些資料現在已經遺失。

這種情況是由資料產生過程中的隱藏問題引起的。正如他們所發現

的，解決這個問題有一個短期修復方案，例如，健保組織（HMO）使用臨時的應急方案，即把這類無法輸入的資料輸入到註釋欄位，直到供應商發行下一版本的軟件之後再進行修改。如果是長期解決方案，我們需要採用類似於管理實物製造過程的方法來理解、記錄及控制資料流程。組織應確保資料採集者和資料管理者明白好資料和壞資料的影響。簡而言之，他們必須把蒐集資料當成商務流程的一部分。

## 9. 變動的資料需求

　　當資料消費者的任務和組織環境發生變化，相關的、有用的資料也會隨之改變。只有符合資料消費者需求的資料才是高品質的資料。為資料消費者提供資料是一個棘手的問題，因為有許多資料消費者，而且每個都有不同的需求，此外，這些需求也會隨著時間的推移而變化。雖然某個初步解決方案可以滿足消費者的資料需求，但隨著時間的推移，這個方案的品質會逐漸下降。

　　在醫院的案例中，醫院的報銷費用，從最初的蒐集單一醫療程序的費用，到後來蒐集相關疾病組的代碼所定義的疾病的固定費用。這使得那些蒐集和使用帳單資料的過程，與用來分析成本的管理資料需求的過程產生差別。

　　這種情況意味著提供給資料消費者的資料，與資料消費者所需要的資料之間存在著不匹配。當問題變得足夠嚴重時，組織可以利用修改程序和電腦系統來修正它。然而當不匹配問題持續發展時，資料消費者需要開發出各種手工和電腦化的權宜應對方案來完成其任務。這些權宜應對方案可以成為常規程序。因此，許多小問題永遠不會發展到引起重視的程度。

　　長期的解決辦法，需要規劃資料流程和系統的變化，並在其成為嚴重問題之前，預測資料消費者不斷改變的需求。這就需要不斷地評估商務運作的環境，並且還需要落實積極管理資料和匹配資料以滿足未來需求的職責，設計程序時也應注意報告的靈活性，例如，醫院預計到報銷程序的變化，並在變化實施前修改其程序和系統，沒有提前採取行動的醫院將會遭受嚴重的財務問題。

## 10. 分散的異質系統

　　分散的異質系統如果沒有適當的整合機制，會導致其內部資料定義、格式、規則和數值的不一致。利用分散式異質系統，我們可以存取和分析資料，如同這些資料是同在一個位置，分散式系統加強了組織的資料儲存能力，然而，分散式系統也表現出其獨特的問題，例如，由於選擇和匯總資料需要太多的時間而無法存取相關資料。

　　分散式系統最常見的問題是資料不一致，即不同系統中，資料擁有不同的數值或表述。資料產生於多個來源可能會導致其擁有不同的數值，也可能是因為多個副本更新不一致。在整合多個自主設計的系統的資料時，擁有不同表述的資料就會成為問題。在健保組織（HMO）的例子中，一些部門儲存相關疾病組代碼時使用了小數點，而其他部門則沒有。這造成了每次進行跨部門的資料整合時，都需要注意這個問題。無論是用手工還是電腦化的例行程序來處理這個問題，都只是短期修補。

　　資料倉儲是目前流行的一種解決分散式系統問題的方案。資料倉儲使用提取程序從舊系統中提取資料，以此來解決不一致問題，而不是重寫那些舊的、獨立開發的系統，這代表著一個集中化的、前端到分散式後端保持一致的系統，需要注意的是開發一個資料倉儲或資料集時，如果沒有資料採集者、資料管理者、資料消費者之間的密切合作，將不能保證資料的品質。這個解決方案大量減少了前端可存取性問題。此外，組織應確保一致的程序被制度化，在適當的情況下，應該制定一個能滿足全域需求，並盡可能允許本地差異化的標準。

## 5.2　資料品質問題的表現

　　這些根源條件可以演變成正面或負面的表現。圖5-1總結了這些根源條件的演變，並展示了在這兩個方向上各個路徑的演變。表5-1和表5-2列出了警告標誌、可能出現的問題、短期和長期干預的結果。在本節中，我們關注那些導致問題狀態的路徑。儘管採用早期干預根源條件可以發展到正面狀態，我們仍然更關注負面狀態，因為從早期就規避問題的角度來看，負面狀

態更有趣。當根源條件演變成圖5-1中展示的一般性問題時，可以通過一個或多個傳統的資料品質維度來檢測糟糕的表現。

在操作層面上，根源條件表現在許多方面。其中最引人注目的是，資料

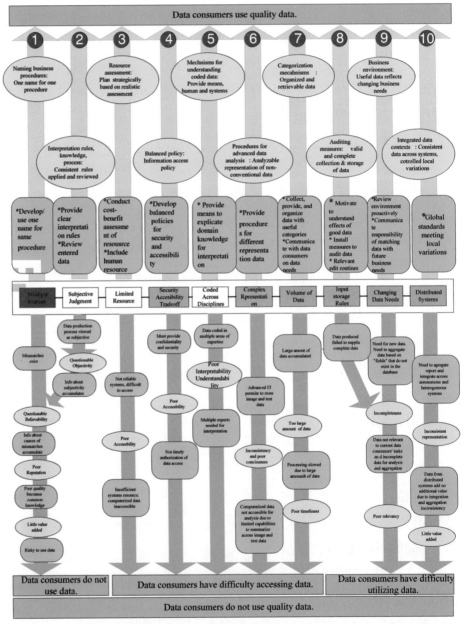

圖5-1 資料品質十種根源條件的表現：正向和反向路線

無法存取、資料很難使用和資料根本不被使用。我們研究這幾個基本問題，並把它們歸類到根源條件可能演變的類別，並把它們和資料品質的各維度關聯起來。

## 1. 資料未被使用

　　相同資料在多個來源之間的不匹配，是資料品質問題的常見起因。最初，資料消費者不知道這個資料品質問題應歸咎於資料源，他們只知道資料是相互矛盾的，因此，這些問題最初表現為可信度問題。（為了突顯資料品質專案中，資料品質維度間的交互作用，並強調這些維度與特定問題樣式的發展是相關的，見圖5-1，我們用斜體字標註這些維度。）

　　隨著時間的推移，關於不匹配的原因方面的資料逐漸累積，從需要評估不同資料來源的準確度，到最終導致資料源精確度低的不好的聲譽，低品質的聲譽也有可能會在沒有實際事實基礎時繼續發展。當資料品質差的聲譽成為共識，組織就會認為這些資料源沒有附加價值，從而減少使用這種資料。

　　資料產生過程中的主觀判斷，是另一種常見的原因，例如，人們認為編碼後或解釋後的資料的品質低於原始資料。最初，只有那些有資料生產流程知識的人，才了解這些潛在的問題，這表現為對資料客觀性的擔心。隨著時間的推移，資料生產之主觀性的資訊不斷累積，從而產生對可信度、聲譽的疑問，因此對資料消費者來說沒有附加價值，最後的結果就是減少對可疑資料的使用。

　　在許多組織中都會發現多個資料源之間的不匹配問題。例如，一家航空公司有著庫存系統資料和實際倉庫數量之間不匹配的歷史。以倉庫盤點數量作為標準，用來測量系統資料的準確性，也就是說，系統的資料源是不準確和不可信的，並要定期調整以符合實際的倉庫盤點數量。但是，系統資料會逐漸變得不匹配，其信譽會逐漸惡化，直到決策者決定不再採用這些資料。

　　醫院的不匹配資料出現在兩個資料庫之間。一個資料庫包含歷史資料（Trace），另一個資料庫包含作業的短期資料（Status）。歷史資料是從醫院的資訊系統和控制系統中提取出來的，管理者和醫學研究人員用它來做長期決策。Status系統記錄的資料是每日醫院的資訊系統和控制系統的快照。

在兩個系統中都可獲得某些資料，例如每日醫院病床使用率。然而，它們經常是不同的數值。隨著時間的推移，Trace作爲準確資料源形成了良好信譽，而Status的使用率則下降了。

在健保組織（HMO）中，不一致的數據值發生在健保組織內部的病人紀錄和醫院提交的報銷帳單之間。例如，健保組織爲冠狀動脈繞道手術付費，健保組織的病人紀錄應顯示是嚴重的心臟問題。不匹配發生在兩個方向：醫院提出申請而健保組織沒有該問題的記錄，以及健保組織記錄中表明存在問題但是醫院沒有相應的申請。最初，健保組織假設外部（醫院）資料是錯誤的，健保組織認爲它的資料更可信，與醫院的資料相比有較好的信譽。然而，這種對於資料源相對品質的感覺，並不是基於對事實的分析。

在醫院和健保組織中都出現了主觀判斷。醫院的醫療記錄編碼員採用醫生和護士對病人的紀錄，從而指定診斷和手術代碼，以及對應的疾病組代碼來編制帳單。雖然編碼員訓練有素，但仍然存在一些主觀性。因此，我們認爲這些資料沒有原始資料客觀。

資料產生的方式，也會對資料客觀性的降低有影響。在健保組織中，與使用自由填寫表格相比，醫生使用預先打印好的有指定手術代碼的複選框表格，其可實施的手術範圍較窄，這種差異影響到資料的可信度。

表5-1　十種根源條件的正面表現形式

| 表現形式 | 警告標誌 | 問題的影響 |
|---|---|---|
| 條件1：多個資料源 | | |
| 相同資料的多個來源會產生不同的數值：相同的資料擁有多個名稱（名詞），或者相同名稱的項目代表不同事物。 | 爲不同目的，或者爲需求同樣資料的相同組織的不同部門，開發不同的系統。相同資料可以在不止一個文件中被更新。 | 同一事實包含不同的數值，資料是不一致的。時間被浪費在識別不同之處。財務和法律問題隨之而來。人們認爲相同的兩個項目其實是不同的，他們嘗試合併和分類這些項目，就像這些項目是一樣的，將導致錯誤和有衝突的結論。 |

（接下頁）

表5-1（續）

| 條件2：資料產生過程中的主觀判斷 | | |
|---|---|---|
| 使用主觀判斷的資料產生過程，造成了資訊偏差。 | 資料輸入過程沒有明確的規則和約束。資料輸入只是做了極少的編輯檢查。資料欄位使用了自由格式文字。 | 輸入並使用了不可靠和不精確的資料。 |
| 干預措施 | 目標狀態 | 改進後的資料使用 |
| 條件1：多個資料源 | | |
| 只保留一個資料源，只允許更新這個資料源的資料，並從這個資料源複製資料。保留一個資料字典或者名稱庫來識別同義字和同形異義字。紀錄和溝通衝突的條款。 | 只在一個資料源更新和更改資料。相同資料的名字和定義應是相同的。資料環境在特殊情況下被傳達。沒有同義詞和同形異義詞存在。 | 資料消費者使用具有一致名稱和定義的資料，其具有資料的原本含義。 |
| 條件2：資料產生過程中的主觀判斷 | | |
| 商務領域專家和資料消費者檢查輸入的資料。資料蒐集者應有更好的培訓，資料輸入員應該有相關領域知識，能夠清楚地解釋主觀判斷規則，對於確定是主觀的資料進行溝通。 | 規則的解釋要一致，編輯檢查要一致，用完整的定義來維護資料庫。 | 資料消費者使用客觀的資料，或者他們能意識到一些資料的主觀特性。 |
| 表現形式 | 警告標誌 | 問題的影響 |
| 條件3：有限的計算資源 | | |
| 缺少足夠的計算資源，限制了相關資料的可存取性。硬體或網絡資源不足。編碼方案是秘密的並且沒有記錄。多個條目儲存在一個資料段。 | 資料消費者抱怨計算資源和它們的可靠性，他們不能存取或找到所需要的資料。 | 缺少計算資源限制了對資料的即時存取。不充分的文件導致資料的隱藏或遺失。 |
| 條件4：安全性和可存取性之間的權衡 | | |
| 資料的可存取程度與安全性、隱私性和保密性衝突。 | 安全性、隱私性和保密性很重要，但資料必須可存取才能提供價值。 | 安全機制對於可存取性是阻礙，資料提供很少的價值。 |

（接下頁）

表5-1（續）

| 條件5：跨專業領域的編碼資料 | | |
|---|---|---|
| 難以解析和理解來自不同部門和專業領域的編碼資料。 | 在整個組織中使用來自多個專業領域的資料。 | 難以理解資料，並且沒有在合適的環境中使用資料。 |
| 干預措施 | 目標狀態 | 改進後的資料使用 |
| 條件3：有限的計算資源 | | |
| 進行成本、收益分析。建立現實的目標。在資源評估中把人力資源包括進去。 | 資源現實性評估——基礎設施和能力。 | 資料消費者可以充分地存取系統中的資料。 |
| 條件4：安全性和可存取性之間的權衡 | | |
| 開發對安全性和可存取性，保持一致的政策和程序。需要與所有利益關係人分享更多的資 | 平衡和穩定資料存取政策和使用。 | 資料消費者合理地使用可存取的和安全的資料。 |
| 料，建立安全性和保密性的新定義。 | | |
| 條件5：跨專業領域的編碼資料 | | |
| 提供獲取專業知識（專家系統或個人）的方法來充分解釋編碼資料。為不同的代碼畫對照圖。當不可能完成完整的對照圖時，那麼達成一個解決問題的程序：通常給對象或記錄添加新的屬性，用新的程序來維護它們。 | 所有編碼資料是一致的並且可以被理解。編碼表保持可理解的說明和含義。 | 資料消費者使用可理解的資料。 |
| 表現形式 | 警告標誌 | 問題的影響 |
| 條件6：複雜資料的表示 | | |
| 目前沒有演算法提供跨越文字實例和圖像實例資料的自動化內容分析。非數值資料很難做出可以找到相關資料的索引。 | 操作和管理決策，需要分析多個圖像和文字文件。 | 分析以電子形式儲存的圖像和文字資料非常受限制。 |

（接下頁）

表5-1（續）

| 條件7：資料量 | | |
| --- | --- | --- |
| 如果儲存的資料量過大，則很難在合理時間內存取所需的數。 | 管理和策略分析這個資訊需要大量的操作資料。 | 獲取和分析資料需要額外的時間。 |
| 條件8：輸入規則過於嚴格或被繞過 | | |
| 輸入規則過於嚴格可能丟失有重要意義的資料。資料輸入員會跳過輸入資料到某欄位（資料丟失），或者隨意改變資料來滿足規則並通過編輯檢查（錯誤資料）。 | 購買或開發新的有大量編輯檢查的輸入系統。資料品質事件的數量有了顯著增長。 | 資料丟失、扭曲或者不可信。 |
| 干預措施 | 目標狀態 | 改進後的資料使用 |
| 條件6：複雜資料的表示 | | |
| 提供合適的程序，來完成對非數值資料表現形式的分析。 | 可分析的表現形式。 | 所有類型的資料都是可解釋、可理解和可供分析的。 |
| 條件7：資料量 | | |
| 準確地蒐集需求。平衡額外儲存、額外查詢時間和決策速度。用易於檢索和使用的方式組織資料（如數字、圖像資料）。提供資料的類型和上下文。提供提前整合的資料，以減少存取和整合時間。 | 組織良好的、有關的資料。 | 資料消費者及時地使用到組織良好的相關資料。 |
| 條件8：輸入規則過於嚴格或被繞過 | | |
| 鼓勵資料蒐集者和資料管理者理解好的資料的作用。設置適當的措施來審計資料，實施相關的編輯例行程序，使資料蒐集成為商務流程的一部分。 | 有效和完整的資料蒐集和儲存。 | 資料消費者使用完整和相關的資料。 |

（接下頁）

表5-1（續）

| 表現形式 | 警告標誌 | 問題的影響 |
|---|---|---|
| *條件9：資料需求的改變* | | |
| 資料消費者的任務和組織環境的改變，相關的和有用的資料也隨之改變。通常是資料的分類和匯總改變，而不是基本來源資料發生改變。在設計時就沒有蒐集新的基本來源資料，從而造成丟失。 | 消費者、消費者任務、組織競爭或日常環境發生變化。資料消費者需要不同的報告。資料蒐集者需要蒐集和輸入不同資料。 | 提供的資料和任務需要的資料之間的不匹配有所增加。 |
| *條件10：分散式異質系統* | | |
| 分散式異質系統導致定義、格式、規則和數值的不一致。 | 資料消費者抱怨缺少可操作性、靈活性和一致性。 | 資料不一致，並難以存取和匯總。 |
| 干預措施 | 目標狀態 | 改進後的資料使用 |
| *條件9：資料需求的改變* | | |
| 需要定期檢查資料。檢查環境。清楚的指定匹配資料以符合未來需求的職責。蒐集來源資料，並盡可能維持在低階。讓資料的再匯總變容易。 | 資料反映出所有利益關係人現在和未來的需求。 | 資料反映出商務需求。 |
| *條件10：分散式異質系統* | | |
| 制定一致的程序。努力開發滿足全域需求並符合本地差異的標準。 | 跨分散式系統的一致性的資料，具備控制下的差異性。 | 資料消費者整合和使用分散式系統中的資料。 |

## 2. 資料無法存取

　　資料品質問題中的可存取性問題，是指對技術上可存取性的考慮、被資料消費者理解為可存取性問題的資料表述問題，以及被理解為存取性問題的資料量問題。

　　當一個航線移到一個新的機場，它的運算操作仍停留在舊機場，透過不

可靠的數據通信線路來存取資料。因爲預約有優先次序，不可靠的線路會導致庫存資料可存取性問題。這反過來又影響了航線的庫存準確性問題，因爲資料更新的優先次序，低於其他與資料相關的任務。

　　由於病歷的保密性質，醫院有可存取性方面的資料品質問題。資料消費者認識到病歷安全的重要性，但也察覺到在可存取性上應該設置必要權限作爲障礙。這會影響資料的整體信譽以及附加價值。此外，資料管理員成爲可存取性的障礙，因爲他們不能未經批准就允許資料存取。

　　跨專業的編碼資料造成了資料可解釋性和可理解性的問題。在醫院和健保組織（HMO）中，對於醫師和醫院行爲的編碼，對總結和分類常見診斷和手術來說非常必要。然而，解釋代碼所需的專業知識成爲可存取性的障礙，這些代碼不是大多數醫生和分析師可理解的。在健保組織中，不同科室醫師之間分析和解釋資料引起了問題，因爲不同科室使用不同的編碼系統。

　　複雜資料的表述，例如，文字或圖像形式的醫療資料，也存在可解釋性的問題。醫療記錄包括由醫生和護士所寫的紀錄，及醫療設備產生的圖像。基於這些資料難以對單個病人做時間跨度的分析。再者，分析不同病人的趨勢也非常困難，因此，資料的表述成爲資料可存取性的一個障礙。這些資料對資料消費者來說是不可存取的，因爲它們沒有用可以分析的形式表達出來。

　　資料量太大使得即時提供，對任務有附加價值的相關資料變得十分困難。例如，一個健保組織（HMO）爲數十萬的患者服務，產生數百萬病人病歷的醫療歷史跟蹤資料。病人的病歷分析，通常需要在周末提取資料。購買健保組織股票的公司，也越來越多地要求評估其醫療行爲，導致這些分析的需求增加，資料量太大會導致即時性問題，同時也是一種可存取性問題。

表5-2 十種根源條件的負面表現形式

| 條件 | 實際案例 | 修正方案 | 修正方案的問題 | 對資料的最終影響 |
|---|---|---|---|---|
| 1. 多個資料源 | 醫院的兩種疾病嚴重性評估程序，對同一資料產生了兩個數值。 | 使用其中的一種系統。為消費者下載一整套資料。 | 遺忘了未使用系統的其它開發目的。 | 資料不被使用。 |
| 2. 資料產生過程中的主觀判斷 | 醫療編碼員在選擇疾病相關組代碼的時候，使用了主觀判斷。 | 增加產生規則來減少資料差異。 | 增加的規則是複雜的、主觀的，有可能會不一致。 | 資料不被使用。 |
| 3. 有限的計算資源 | 不可靠的通信線路導致資料不完整。終端儲存降低了資料的價值。 | 提供更多的計算資源，或者讓消費者對自己的計算資源付費。 | 計算資源的分配，變成了一種缺少理性基礎的政策過程。 | 資料無法存取，最終不被使用。 |
| 4. 安全性和可存取性之間的平衡 | 必須安全和保密地保存患者的醫療資料，但分析員和研究者需要存取它們。 | 對安全漏洞及對可存取性的抱怨，採取本地解決方案。 | 每種情況都變得很特別，這增加了協商可存取性的時間。 | 資料無法存取，最終不被使用。 |
| 5. 跨專業領域的資料編碼 | 必須儲存並存取病患護理的醫療圖像和文字記錄。 | 使用編碼系統來分析文字，使用多種演算法（如CAT掃描）來分析圖片。 | 只解決了部分問題，可能會產生新的問題（如難以解釋的編碼）。 | 資料無法存取，最終不被使用。 |
| 6. 複雜資料的表現形式 | 圖像和文字的趨勢分析很困難：「ICU病人變得容易患肺炎嗎？」 | 電子儲存文字和圖像資料。 | 電子儲存在蒐集方面開支很大，而在檢索方面獲益有限。 | 資料很難被使用，最終不被使用。 |

（接下頁）

表5-2（續）

| 條件 | 實際案例 | 修正方案 | 修正方案的問題 | 對資料的最終影響 |
|---|---|---|---|---|
| 7. 資料量 | 多年趨勢分析每年需要超過12千兆的資料。需要分析幾百萬個記錄中的幾千個。 | 用代碼來壓縮資料。為所需資料提取子集，而不是全部記錄。 | 資料消費者難以理解代碼。需要對資料有更多的解釋。不能即時地分析。 | 資料無法存取，最終不被使用。 |
| 8. 輸入規則過於嚴格或被繞過 | 資料可能由於編輯檢查拒絕接受而丟失，資料有可能為了通過編輯檢查而改變從而變得不正確。 | 把資料輸入到一個不需編輯檢查的註釋欄位，然後用修補程序來把它移動到合適欄位，告訴資料輸入員不要輸入錯誤資料。 | 需要額外的程序和更多複雜的資料輸入。 | 資料不被使用。 |
| 9. 資料需求的改變 | 醫院的醫療費用報銷準則發生變化，需要資料流程和系統也變化。 | 只有當資料的需求和提供的資料之間的不匹配變得過大的時候，才會修正資料流程和系統。 | 資料、流程和系統落後於資料消費者的需求。 | 資料很難被使用，最終不被使用。 |
| 10. 分散式異質系統 | 不同區域對於疾病相關組代碼使用不用的格式。 | 消費者管理從每個系統中提取的資料集，並彙總資料。 | 消費者不理解資料和文件結構。對消費者產生負擔。 | 資料很難被使用，最終不被使用。 |

　　關於資料難以使用，我們觀察到三種提供的資料不支持資料消費者任務的根本原因：遺失的（不完整）資料、不適當地定義或測量的資料，以及不能被適當地整合的資料。為了要解決這些資料品質問題，應啟動專案開始提供對資料消費者的工作有附加價值的相關資料。

　　資料不完整，可能來自作業上的問題。在一家航空公司，庫存交易中不完整的資料，造成庫存資料的準確性問題。機械師有時會在工作活動表中漏記了零件編號。由於交易資料不完整，庫存的資料庫無法更新，因此產生不

準確的記錄。據一名主管所言，這種情況是可以容忍的，因為「機械師的主要工作是即時服務飛機，而不是填寫表格。」

航空公司資料不完整是由於操作的問題，而醫院資料不完整是設計的原因。醫院Trace資料庫中的資料量足夠小因此便於存取，足夠完整因此具有較好的相關性，也能為資料消費者的工作增加價值。因此，資料消費者很少抱怨資料的不完整。

問題來自跨分散式系統的資料整合。在健保組織（HMO）中，資料消費者抱怨不同部門間的資料定義和表述不一致。舉例來說，測量基本利用率，如每千名患者的住院天數，在不同部門有著不同的定義。這些問題是由各部門自主設計決策，和各部門不同商務流程規則引起的。

## 5.3 資料品質問題的轉換

傳統的資料品質方法採用控制技術（如編輯檢查、資料庫完整性約束、控制資料庫更新的程式）以確保資料品質，這些方法大幅地提高了資料品質。然而，僅僅控制資料系統並不能產生資料消費者更廣泛關注的高品質資料。對資料儲存的控制是必要的，但不是充分的。資料系統和資料品質的專業人員，需要對資料生產流程實施以流程為導向的技術。

資料消費者會認為任何存取資料的障礙都是可存取性問題。傳統的方法是把它當作電腦系統的技術問題，而不是資料品質問題。從資料管理者的觀點來看，如果資料在技術上可存取，則他們提供這種存取。然而，對於資料消費者而言，可存取性不止限於技術上的可存取性，這包括能夠讓他們容易地即時處理資料來滿足他們的需求。

在我們的研究中，這些可存取性的對立觀點是很明顯的。例如，先進的資料格式可以儲存二進制大型物件（Blobs）。雖然資料管理者提供存取這種新資料格式的技術方法，資料消費者仍然感到這些資料是不可存取的，因為他們的任務要求他們分析資料時，應採用傳統的記錄導向的資料分析法。其他關於可存取性的對立觀點的例子包括：(1)合併不同的自主開發系統之間資料在技術上是可存取的，但資料消費者認為它們不可存取，因為類似的

資料項在定義、測量或表述上是不同的；(2)將醫療資料編碼為文字在技術上是可存取的，但消費者認為它們不可存取，因為他們不能解釋這些代碼；(3)大容量的資料在技術上是可存取的，但資料消費者因為存取時間過長而認為其不可存取。資料品質專業人員必須了解他們提供的技術可存取性，與資料消費者關心的更寬泛的可存取性之間的差異，一旦釐清這種差異，我們可以用資料倉儲等技術，提供更相關的少量資料，或用圖形介面提高存取的容易程度。

　　資料消費者評估與他們的任務相關的資料品質。在任何時候，相同的資料可能被多個任務需要，但所需的品質特徵卻不相同。此外，隨著時間的推移，這些品質特性會因工作要求的變化而改變。因此，提供高品質的資料意味著跟蹤一個不斷移動的目標。傳統方法使用諸如用戶需求分析和關聯式資料庫查詢等技術，來處理特定環境中的資料品質問題。這些傳統的方法沒有明確地考慮執行任務的環境會不斷變化的性質。

　　由於資料消費者執行許多不同的任務，而這些任務的資料需求會發生變化，所以資料品質需要的遠多於「好的資料需求規格」。按照與資料消費者任務相關的價值和實用性因素，來提供高品質的資料，鼓勵設計易於匯總和操控資料的彈性系統。我們也可以透過不斷維護資料和系統來滿足資料需求的變化。

## 5.4 結論

　　截至今日，資料品質問題的普遍性以及它們巨大的財務和營運成本並未引起人們的注意。這些資料品質問題很少在發展成危機前就得到解決。當資料品質演變成危機時，組織總是傾向於採取短期措施來應對危機，而很少制定和實施更加有效的長期解決方案。

　　隨著組織在策略上、管理上和作業上的決策越來越多地依賴資料品質，這些短期的解決方案已不再可行。總體而言，無論何種修正均是被動的反應，組織必須學會識別潛在問題的跡象，在問題出現前主動積極制定解決方案。而這種能力需要具備資料產生過程的知識，並理解為什麼這些過程能

取得或未能取得預期的效果（Lee & Strong, 2004）。

　　在本章中，我們剖析了十種資料品質問題的根源條件。組織可以在這些問題發展成危機之前，運用我們在本章提供的模板來解決問題。那些透過採取適當的行動來處理這些早期預警的組織，其獲得高品質資料和維持可行資料品質實務的過程，將會是一條比較平坦的大道。

# 第六章

# 數據長的立方體框架[1]

"Service vs. Strategy, Inwards vs. Outwards, Traditional vs. Big Data."

-Richard Y. Wang

數據長（Chief Data Officer, CDO）作為一種新興的企業高階主管，正在逐漸成為組織中關鍵的領導者。我們提供了一個三維的立方體框架用於描述CDO的角色。這三個維度分別是：(1)協作方向（向內的或向外的）；(2)資料空間（傳統資料和大數據）；(3)價值影響（服務和策略）。我們以CDO的早期採用者為例來闡述這個框架，並且為組織提出評估和策略定位CDO的建議。

## 6.1 CDO的彙報關係

隨著組織使用更先進的商業分析方法，通常會需要重新定向橫跨企業的資料流。因此，許多我們採訪過的CDO及高階主管們擁有對公司策略發揮影響的權力。這種權力和權威通常體現在他們的工作彙報關係、高級管理委員會成員身份，以及在預算和用人方面的權力。

在我們採訪的CDO中：
· 30%的CDO直接向CEO彙報。
· 20%的CDO向COO彙報。

---

[1] 本章部分節取自Yang W. Lee, from the paper "A cubic framework for the chief data officer: Succeeding in a world of big data," MIS Quarterly. March 2014.

．18%的CDO向CFO彙報。

　　其他的CDO向CIO、CTO、CMO（醫療長）或者CRMO（風險管理長）等彙報。許多CDO都是高層管理委員會的成員，並且有權去制定政策和策略。如今，許多CDO的權力正在從資料政策轉向經營策略，我們觀察到的趨勢是，越來越多的CDO直接向CEO或COO報告，而不是向CIO或CTO報告，也就是CDO越來越靠向事業經營。

## 6.2　CDO角色的三個維度

　　為了便於理解CDO的角色，我們定義了三個關鍵維度，如圖6-1所示。

### 1. 協作方向維度：向內與向外

　　協作方向維度描繪了CDO的工作焦點是面向組織內部還是組織外部。向內協作意味著聚焦與內部商務利益關係人有關的組織內部商務流程。相對的，在向外協作中，CDO們致力於外部價值鏈或外部環境中的利益關係

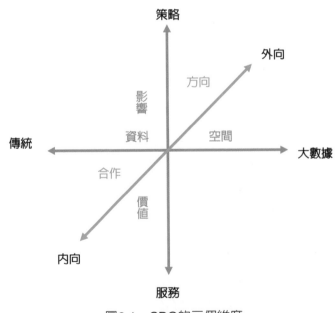

圖6-1　CDO的三個維度

人，比如顧客、協作夥伴、供應商或者監管機構。

　　內向聚焦型CDO的活動主要包括：發展資料品質評估方法或機制、為資料產品、資源和標準建立目錄分類、為管理詮釋資料或主資料創建流程、參與資訊產品規劃，以及建立資料治理結構等。這些舉措尋求在組織內部提供一致性的資料和資料品質問題的根源。透過關鍵資料流程精簡內部商務流程需要跨部門合作，以提高營運效率、改善營運效果。CDO們在這些舉措方面能否成功，很大程度上依賴於能否有效引導內部利益關係人，並擬定轉型之旅的計畫。

　　與此相反，向外聚焦型CDO們努力說服外部夥伴並與他們協作。舉個例子，一家全球製造業公司的外向聚焦型CDO，領導一項在商務流程嵌入的「全球獨特產品識別」計畫，致力於改善與全球外部夥伴的協作關係。這樣的CDO們可能也會專注外部的報告提交，特別是當公司曾經歷過外部的困境或者遇到過重大災難，比方說出現過低品質的報告。

## 2. 資料空間維度：傳統資料與大數據

　　在資料空間維度中，CDO聚焦於關聯型資料庫中的交易資料，或者關注更新、更多樣化的大數據。

　　許多CDO們專注於傳統資料，因為這是組織運營的支柱。缺乏傳統資料的堅實基礎，組織的基礎功能會受到阻礙，因此需要一個專注於傳統資料管理活動的CDO。

　　與此相對應，大數據通常不連接到組織的交易資料或資料庫系統，但是大數據提供一個創新的機會，可以改善未來的營運，或者利用傳統資料無法提供的新見解去發展新的商業策略。聚焦大數據的CDO引領組織去適應和管理這個新的、多樣化資料的分析，並從這些分析獲得深入的見解（Insights）。

## 3. 價值影響維度：服務與策略

　　在此維度上，CDO的職責是致力於為組織改善服務，或者為組織開發新的策略機會。這個維度反映了CDO的影響力。在很多情況下，CDO的角

色是對主管在監督上的持續需求作出直接回應，並負責改善組織現有功能。然而，越來越多的組織要求CDO能夠利用新工具來增加策略價值，這些新工具包括資料聚合器（Data Aggregators）[2]，以及其他基於數位化資料串流（Data Streaming）的資料產品[3]。同時這些CDO們也開始探索開發新的市場利基，或者領導公司轉型以開發更智慧的產品和服務。

舉個例子，一個策略聚焦型CDO倡議一個措施去發現新的資訊產品，從而提高公司在金融業的地位。這位CDO領導了一個跨組織的協同合作措施，在企業層級的水平上，提出一個管理新資訊產品的策略願景。我們觀察發現，在組織中具有高職位的CDO們更適合承擔策略聚焦的角色。

## 6.3 CDO角色簡介

基於上文所述的3個維度，我們定義了8種不同的CDO角色。這些職責恰好對應圖6-2中CDO立方體的8個角。

為了方便起見，我們將這8個職責命名為：「協調者」、「彙報者」、「架構師」、「大使」、「分析師」、「行銷員」、「開發者」、「實驗者」。例如「協調者」是協作方向維度上的向內協作，資料空間維度上的傳統資料，以及價值影響維度上的服務導向，對應的三條線相交的點[4]。注意對這些角色的理解不應局限於名稱的字面意思，他們只是對立方體模型每個角所代表的角色的簡單命名。8種角色將在下文具體闡述。

在任何時刻，一個CDO也許會有多重角色，這點非常重要。但是一個

---

[2] 參考Madnick, S. and Siegel, M. "Seizing the opportunity: exploiting web aggregators," MIS Quarterly Executive (1:1), 2002, pp. 35-46, 解釋了網路聚合器及其商業應用前景。

[3] 參考Picoli, G. and Pigni, F. "Harvesting external data: the potential of digital data streams," MIS Quarterly Executive (12:1), 2013, pp.53-64, 解釋了數位化資料流程的新的價值創造機會。五個價值模型之一是資料聚合。

[4] 注意：協調者是對內向合作維度、傳統資料維度，以及服務價值影響維度所反映角色的簡稱

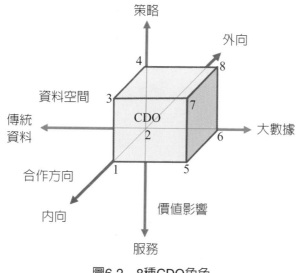

圖6-2　8種CDO角色

CDO必然會有一個主要角色。此外，通常一個CDO在他的任期內，他的主要角色會隨時間發生變化。眾多我們採訪過的CDO們曾指出，角色演化是隨著環境或更廣泛市場的不斷變化而演變的，具體解釋如下文所述。

## 1. 協調型CDO：聚焦內部、傳統資料、服務

協調型CDO管理企業資料資源並建立一個框架，以優化跨內部商務部門之間的合作（聚焦內部）。這使得為了商務目的，能夠為資料使用者提供經營所需的高品質資料，從而改善經營績效（聚焦服務）。協調型CDO處理傳統資料，比如客戶資料和其他交易資料（聚焦傳統資料）。

例如，一位美國政府機構的CDO識別出常見的跨企業的關鍵資料元素，這些資料元素為實現政府機構層面的資料，共享和整合奠定基礎。該政府機構隨後開展了確立這些關鍵資料元素的權威資料來源的工作。這項對常見資料元素的識別工作，為其他資料改善方案奠定了基礎。這位CDO的職責之一就是領導和監督資料管理過程。

在另一個例子中，美國醫療機構的一位原CDO，建立了資料治理委員會和工作組。他同樣負責並領導了整個企業的資料品質評估和改善方案。

## 2. 彙報型CDO：聚焦外部、傳統資料、服務

在被嚴格管制的行業，比如金融業和醫療業，CDO角色的新興趨勢是滿足企業資料被要求對外披露的規則。與協調型CDO相似，彙報型CDO也是通過提供一致的交易資料（聚焦傳統資料）實現內部營運職責（聚焦內部）。然而彙報型CDO的最終目標，是為外部報告提供（聚焦外部）高品質的企業資料服務。

例如，在美國一家醫療護理機構的一位相當於CDO的高階主管，負責向州政府提供例行的資料彙報。他與其他公司高階主管，如醫療長和財務長緊密合作，同時與其他組織外部官員們密切合作，以確保資料報告可以準確及有效的反映組織活動，並被即時送達相關部門。

類似的，彙報型CDO常見於金融服務組織中，與規章管理和風險管理團隊一起工作，以滿足外部報告需求。特別是當一些公司在製作外部報告中遇到困難時，他們會設立CDO職位，通常CDO們會在因公司合併產生的資料孤島的資料整合過程中扮演重要的角色。

## 3. 架構型CDO：聚焦內部、傳統資料、策略

架構型CDO在協作方向和資料空間兩個維度，與協調型CDO相同的（聚焦內部和傳統資料），但是架構型CDO的價值影響維度是通過使用資料，或內部商務流程來為組織發展尋找新的機會（聚焦策略）。

舉個例子，一家資料公司的CDO負責建立企業架構，以產出具附加價值的客戶資料產品。在這位CDO的領導下，公司開發了一個商務流程藍圖，說明了交付一個新的資料產品的商務流程，包括每個步驟所需的時間和負責人。這個藍圖我們稱之為「地圖」[5]，用於組織成員的日常協作。這位CDO回憶：「我們為每個人繪製了藍圖，每個人都知道他們在公司裡的資料角色。」改進資料產品的建議同樣被附在這個「地圖」裡。這位CDO報告聲稱，「地圖」將新產品進入市場的時間縮短了50%。此外，該公司先於

---

5　應所涉及企業的要求，我們在文中對該流程使用了假名。

競爭對手提供更好的資料產品，因此在市場上獲得了策略優勢。

## 4. 大使型CDO：聚焦外部、傳統資料、策略

　　大使型CDO促進了企業間商務策略及外部協作的資料政策之發展（聚焦外部和策略），並聚焦於傳統資料。舉個例子，一家金融服務機構的CDO定義了風險管理的常見資料集。他推廣了一套金融機構同行間的金融資料交換的資料標準以及資料評估測量。

　　第二個例子來自一家南美洲的國際銀行，它經歷了一項策略轉型，包括顯著的流程改善以及建立資料治理機制。在轉型期間，向CFO彙報的CDO主導與其他金融機構密切協作，以改善電子國際轉帳流程和資料交換的資料安全。這次轉型對於該銀行的商務策略和開拓商機意義重大，並向顧客提供新的服務，這在以前資料安全薄弱時期是不可能實現的。

## 5. 分析型CDO：聚焦內部、大數據、服務

　　分析型CDO與協調型CDO類似，區別在於分析型CDO專注於透過利用大數據改進組織內部經營績效，因此需要不同的資料管理和資料分析能力。對分析型CDO的需求，通常出現在組織已經聘僱了資料分析員或資料工程師，但缺乏一個能夠具有企業視角的領導角色的情況下。

　　例如，一家信用卡公司設立了CDO負責監督內部團隊評估以及分析大數據，比如關於信用卡使用之地理標籤資料，以及線上客戶調查資料。這位CDO與風險管理長（CRO）協同合作，為資料科學家的工作指引方向。隨後，該公司實行了遍及整個企業的風險管理和詐欺檢測的政策。

## 6. 行銷型CDO：聚焦外部、大數據、服務

　　行銷型CDO發展與外部資料合作夥伴和利益關係人的關係，透過使用大數據以改善外部資料服務。行銷型CDO們通常出現在資料產品公司裡，他們發展與零售商、金融機構以及運輸公司等購買其資料產品的客戶關係。

　　例如，一家資料產品公司的CDO與該公司的顧客密切合作，幫助某醫療機構獲得非結構化的病人回饋資料，並從這些大數據發掘有用資料。這

位行銷型CDO領導資料分析過程，透過資料分析來找到降低該醫療機構關鍵缺陷的方法。雖然目前擔任行銷型CDO角色的不多，但我們觀察到行銷型CDO是一個新興的趨勢，其對於管理供應鏈中的合作夥伴和顧客十分重要。

## 7. 開發型CDO：聚焦內部、大數據、策略

開發型CDO與組織內部單位交流和談判，以利用大數據為組織開發新的商機。例如，在一家零售組織中，CDO與行銷長（CMO）合作開發新產品和服務，透過地理標記以及來自社交媒體網站的消費者回饋資料，來挖掘消費者行為資料。透過使用這個龐大的資訊來源，這位開發型CDO為公司開發了一個個性化的行銷策略。

## 8. 實驗型CDO：聚焦外部、大數據、策略

實驗型CDO與外部合作者比如供應商和業界同行協作，基於大數據去探索新的、未知的市場和產品。透過行業內強有力的協作關係，這類CDO不斷獲得各種資料來源並使用他們來創建新的市場，並為了組織的成長找出創新策略。

舉個例子，一家金融機構的CDO嘗試給更廣泛的金融業及其潛在使用者開發適於銷售的資訊產品。在準備階段，實驗型CDO建議透過轉化、整合和再利用多個資料來源的消費者資料，進而創建新的資訊產品。更重要的是，他向顧客闡述這個新的產品概念以獲得顧客回饋。這個實驗者CDO隨後開發了基於多方面資料來源的資訊產品，並銷售給客戶組織。他說：「我們應該做營收中心，而不是成本中心。」透過對組織多資料來源和對產業需求的了解等優勢，該CDO提高了組織能力，可以設計和實驗新的資訊產品，並增加了策略價值。

## 6.4 CDO角色演變的案例

並不是所有的企業都有相同的需求和優先順序，因此CDO在不同公司

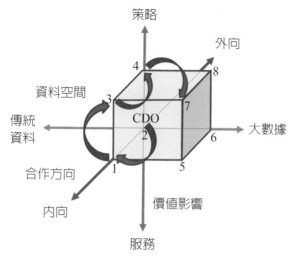

圖6-3　CDO 角色轉變的例子

的作用也不盡相同。此外，CDO的角色也會隨組織需求的變化而改變。

　　圖6-3描述了某美國醫院CDO的角色，在近十年間是如何演變的。在該案例中，CDO起初致力於爲外部傳統資料的需求者提供服務，漸漸地他的角色轉向組織內部和外部的策略層面。目前，他工作重心轉向了如何利用大數據。在過去十年，我們研究這個機構CDO的角色演變，從彙報型（角色2），到協調型（角色1），到架構型（角色3），到大使型（角色4），再到現在的開發型（角色7）。下面，我們簡要討論CDO的角色演變並解釋以下幾個問題：

1. 是什麼引發或促使CDO過渡到一個新的角色？

2. 爲什麼選擇這個角色？

3. 扮演新的角色能夠實現什麼價值？

## 1. 彙報型CDO角色

　　最初，CDO履行的是彙報者的職責。正因如此，他負責管理監督向國家監管機構提供的資料，特別是用於向政府部門報銷所提供的資料，這項工

作對公司來說十分重要。從醫院內部運營蒐集到的資料，通常不適合直接用於外部報告，這是一項挑戰。由於同一或相似資料通常有多個資料來源，所產生的結果往往不一致。許多資料來源沒有得到內部資料消費者的信任，因此有些部門不願在審查之前，將這些資料用於外部報告。當需要向外部提交報告時，CDO需要對所有資料進行清理並為外部資料提交做準備。

## 2. 協調型CDO角色

因為提交了低品質的資料被州政府處罰後，醫院意識到高品質的外部報告必須緊抓內部資料品質。得到執行長（CEO）的授權以改進組織資料品質，CDO的角色從彙報者轉變為協調者，他創立了一個企業層面的資料品質改善框架，協調各功能單位，有系統的溝通「清理資料和準備要提交的資料」。此外，他制訂了一套定期評價資料品質技術的程序，並建立了企業層級用以識別和解決資料問題的儀表板。結果，內部資料使用者開始信任資料來源，外部資料彙報報告過程也就隨之簡化了。

## 3. 架構型CDO角色

在已經成功改善組織的內部和外部服務所需資料後，CDO意識到應該要有一個可持續的資料操作結構和功能。這種認識促使他透過加強資料實踐和商務流程之間的緊密結合，實現了可持續發展性。因此，他的工作重點從服務轉向策略承擔了架構型CDO角色。在這個角色中，他建立了對資料品質的治理，以及標準委員會和工作組。他還設立並維護一個企業級資料品質的問題解決流程，並將組織所有成員的資料角色和商務角色結合起來。他實施了一個政策，為每位組織成員，除了商務角色外，也制定特定的資料角色，如資料蒐集者、資料保管者及資料消費者，因此加強了商務與資料的結合。為了強調資料角色的重要性，組織成員對企業資料品質的貢獻都將納入其年度獎金計算中。

## 4. 大使型CDO角色

保險公司要求可比較的測量，形成了越來越大的壓力，迫使CDO改善

機構之間的協同合作。因此，CDO演變成大使型角色，他參與一個協會和多個論壇，進行產業標竿研究，並實現產業間的資料共享。他參與設計了產業資料發展藍圖，組織和培訓其他資料實踐者，並與其他機構合作，幫助提高其他醫院的資料品質。透過這些努力，CDO改進了商務流程和各類醫療行業的標準設定。

## 5. 開發型CDO角色

透過善用醫院的內部資料，醫院的業績最終達到了穩定高水準。因此，CDO承擔了開發者的角色，他探索從患者那裡蒐集到的大數據，用以改善醫療水準。特別是，他專注於分析非結構化的病人回饋資料的各種方法，用來識別造成較差評價的因素。這些分析包括情緒分析等資料探勘技術。結合標準的數值評估分析，如醫院消費者對於醫療提供者和系統報告的評估，CDO開發的方法為醫生、護士和其他單位提供了可行的建議。再進一步追求這樣的機會，該CDO目前正開發新的方法給臨床團隊，提供量身定制的回饋，以改善病人的護理和安全。

## 6.5 立方體框架使用指南[6]

我們的立方體框架可以用來確定一個組織的CDO，應該專注的方向以及CDO的角色屬性，它是獲得成功資料實踐的關鍵。下面，我們給出一個基於這個框架的、實用的三步驟指導。總的來說，此三步驟如下：

1. 評估你的組織，與資料相關的商業實務的當前狀態（基於CDO立方體的三個維度）
2. 確定你的組織所需要的CDO角色類型（基於上文所描述的8種角色），同時評估是否需要高階主管級的CDO來滿足這些需求
3. 基於組織未來需求的預測，為CDO制定策略發展途徑。

---

[6] The authors benefited greatly from the advice, discussion and input from the "*MIS Quarterly Executive*" workshop on December 15, 2012, in Orlando, Florida.

# 1. 步驟一：評估組織的當前狀態

　　評估組織的資料相關實踐的現狀，有助於識別需要密切關注的缺陷。CDO立方體提供了一個用於識別組織當前需求的框架，包括三個維度的需求，分別爲協作方向（向內和向外的）、資料空間（傳統資料和大數據）和價值影響（服務和策略）。

　　基於立方體框架我們提供了12條評估陳述（見表6-1）。每條陳述均採用李克特7分法評估，最高7分（1分〔完全不同意〕到7分〔完全同意〕）。

表6-1　基於立方體框架的CDO角色評價舉例

| 協作方向維度：向內的和向外的<br>*1、2題高分意味著向內的方向*<br>*3、4題高分意味著向外的方向* | 評分（1-7），1完全不同意，4中立，7完全同意 | 評估討論備註<br>解釋打分理由 |
|---|---|---|
| 1. 改善資料使用的有效性，對我們組織內部營運十分關鍵。 | 3 | 我們這點做的很好，所以這點不重要。 |
| 2. 我們的公司有機會去顯著地提高內部營運。 | 3 | 我們保持當前的良好狀態。 |
| 3. 我們組織與其他價值鏈企業的協同合作至關重要，包括供應商、顧客、配銷商、競爭者。 | 6 | 我們需要更了解我們的供應商和顧客。 |
| 4. 我們組織的成功是與其他公司、市場改變、外部狀態或環境相互關聯的。 | 7 | 對供應商更好的了解，可以大大的改進我們的採購過程。 |
| 資料空間維度：傳統資料和大數據<br>*5、6題高分意味著傳統資料；7、8題高分意味著大數據* | | |
| 5. 我們組織的交易資料，應該被更有效的用在解決企業需求上。 | 6 | 我們需要知道更多來自不同供應商的整合材料金額。 |
| 6. 整合不同商務領域的交易資料對於我們組織至關重要。 | 7 | 為了與供應商談判，我們必須使所有的部門使用一致的資料。 |
| 7. 我們公司需要識別使用大數據和資料分析的機會。 | 5 | 我們也許還沒到往這個方向走的時機。 |

（接下頁）

表6-1（續）

| 8. 在我們組織，了解外部資料來源，比如社交媒體，對於連結客戶至關重要。 | 6 | 我們的顧客也許在將來接受新的資料來源，我們需要探索並利用社交媒體。 |
|---|---|---|
| 價值影響維度：服務和策略<br>*9、10題高分意味著注重服務；11、12題高分意味著注重策略* | | |
| 9. 我們組織的資料工作應該專注於保持商務部門的現有需求。 | 4 | 對於服務商務部門我們做的還不錯。 |
| 10. 改善資料服務的效率對於組織的營運至關重要。 | 5 | 我們仍需改進，但我們在為內部商務部門提供資料服務方面做的不錯。 |
| 11. 基於改變經營方式的需求，我們組織的資料工作應該大量開展。 | 6 | 我們可以利用資料改變與國際供應商採購計畫的方式。 |
| 12. 我們的組織必須利用更好的資料來實現策略目標。 | 7 | 我們必須了解誰是我們最佳的商業客戶，並且為不同的客戶制定不同的策略。 |

　　第1-4條陳述是有關於協作方向維度的，第5-8條陳述是有關資料空間維度的，第9-12條陳述是調查價值影響維度的。為了說明評估過程，我們在最右邊兩列給出案例參考。

　　請注意，大多數組織都有適用於CDO立方體的每一個角的需求，最關鍵的是這些評估陳述的應答，將會有助於識別出哪個角色對組織當前最為關鍵（立方體的各個角代表不同的角色）。回答這些陳述同時也是一個很好的機會，讓不同商務部門各個層級的組織成員參與進來。多樣化的觀點將會引發關於CDO角色需求的討論，並將會確保CDO得到全組織的支持。

　　表6-1可作定性分析和也可作定量分析，簡單的定量分析包括給每項打分（最大7分）。通過對比每個維度的前兩個分數之和，和後兩個分數之和，將會揭示在每個維度上的偏差。在我們的實例中，陳述1和2（強調向內的）都給出了3分，陳述3和4（強調向外）分別給出了6分和7分。陳述1和2的總分（6）小於陳述3和4的總分（13），說明向外的合作比向內的協同合

作更重要。同樣的計算過程可以被重複在陳述5-8，用來確定應該更關注傳統資料還是大數據，以及陳述9-12確定應該更專注於服務還是策略。綜上所述，通過這些比較可以得出哪類CDO角色類型是關鍵。

定性分析考慮的是每條陳述的「評估討論注釋」中關於「為什麼」的問題。這將會有助於確定每個維度方向的臨界點。表6-1中最右列的例子比較簡潔，更全面的註解將有助於更精細的分析。

## 2. 步驟二：確定是否需要一個CDO

基於對組織當前狀態的評估，可以繼續進行步驟二，確定CDO角色屬性的需求，以及是否需要一個高階主管級的CDO來滿足這些需求。要注意的是，在組織決定哪項CDO角色最重要之前，會需要大量的討論，步驟一的分數並不能作為直接答案，這些回應的評估和陳述應該被當作一個工具，用於在組織成員中發起關於資料實踐以及對組織績效影響的討論。

建立一個新的CDO職務需要慎重的考慮，因為這意味著資源配置和彙報關係的改變。在設立CDO職位之前，一個組織應該評估其他資料實踐機制的有效性，比如解決資料和商務流程衝突的治理委員會、工作組及機制。另一方面，如果資料實踐措施缺乏承擔責任的制度，通常不會產出有效的結果。

此外，在某些情況下，組織也許已經有可以承擔或部分承擔CDO角色的領導或部門。例如，CFO也許會負責在步驟一所評量的涉及彙報型或協調型CDO的角色。在這種情況下，專注傳統資料和服務也許並非像評量所建議的那樣重要。我們同樣觀察到一個案例，當一個CMO承擔了開發型或實驗型CDO的角色，在該組織中，高層管理幹部之間存在著有效的協同合作，在這種情況下，設立一個獨立的CDO角色或許並非必需。然而，高階主管之間的資料相關的協同合作，可能是短期的或臨時的，一個可以持續關注資料的高階主管是CDO需求的來源。

## 3. 步驟三：制定CDO的演變策略

對未來需求的策劃可以分為兩個過程。首先，組織應該為解決步驟

一、二中確定的需求創造一個預計的時間表。比方說，如表6-1中最右邊那列所示，一個組織也許能確定其基本需求是一個大使型的CDO（聚焦外部的，傳統資料和策略）。在這種情況下，組織可以制定一個十八個月的計畫實現資料實踐和商務流程緊密結合。

其次，基於定性和定量的測量方法，組織可以確定在立方體框架裡，其他CDO角色相對於主要角色的重要程度，或者組織也許會確定在當前沒有對其他CDO角色十分必要的需求。在這兩種情況下，基於預計的時間表，組織可以確定CDO需要從一種角色類型轉換到另一種角色類型，或者組織可以隨後重複步驟一和步驟二來重新評估組織的需求。

在表6-1的例子中，陳述5-8的分數顯示了一個向傳統資料而不是大數據的傾向（13和11）。然而，更多的分析可能會顯示大數據的需求，幾乎和傳統資料的需求同等重要的，在未來需要一個大使型的CDO來實現這一需求。組織可以計畫在十八個月快結束時，計畫讓CDO從大使型向實驗型（聚焦外部的，大數據和策略）角色轉化以解決外部需求。

實施以上三個步驟的過程中暗含著一個關鍵性的優勢，那就是使得所有商務單位和功能部門共同努力。企業的支持和對CDO設立的認可，為造就CDO成為一名有效領導者奠定了基礎。

組織的成功策略越來越仰賴資料，他們必須能駕馭資料的價值。為了做到這點，為數越來越多的企業和政府機構設立了CDO職位，來探索資料可能帶來的重大價值。本文所陳述的三維度CDO立方體框架，可作為組織在分析CDO需求時的一個指導，也能讓組織有能力決定現在和未來最適當的CDO角色職務。

# 第七章

# 數據長的行動應用

**"Low-code platforms can help development teams work faster and increase enterprise-wide software production by empowering "citizen" developers."**
-Forrester Research

　　正如人需要乾淨的空氣和水一樣，企業需要乾淨的資料。在本書前面數章中，我們討論了組織建立數據長（CDO）辦公室的基礎與準則，也探索了資料政策與策略、資料治理、資料品質問題常見的原因，以及數據長的立方體框架，但所有的觀念終究要落實到數據長（CDO）的工作中。

　　數據長的工作不是支援日常作業，而是找出企業的問題和機會。數據長的工作是治理及規劃好「資料」這項最重要的企業資源。數據長的服務對象是企業主管，協助他們作更好的管理決策。決策正確，企業才對得起客戶、員工、股東和社會。企業的管理活動包括決策（Decision Making）和作業（Operations），決策是決定公司的政策、方向，作業則是執行決策所作的決定。例如，決定專注於服務什麼客群、決定主推什麼產品等是決策；針對客群打廣告、針對產品作促銷等為作業。前者是數據長（CDO）的工作，後者是資訊長（CIO）的工作。決策和作業的資訊需求不同，作業的資訊需求變化不大，決策需求則不斷變化，隨時可能有新的需求。決策活動和作業活動的資料來源是不一樣的，作業只需內部資料，決策則內外部資料都需要。決策和作業所需資料的縱深和明細度也是不一樣的，決策資料縱深時間軸較長、內容較為彙總，作業資料則時間軸較短、內容較為明細。決策活動和作業活動使用同一套ERP系統，可能會有資訊安全的問題，作業導向的ERP系統需要開放很多帳號給基層員工，甚至要開放給廠商或客戶，且需要

能從公司外部連線進來，萬一帳號落入駭客手中，後果不堪設想。決策導向的ERP系統則僅有少數高階主管有帳號，且可以加強各種資訊安全控管，而不會影響日常作業。作業導向的ERP程式需要方便性和穩定性，決策導向的ERP除了程式的方便性和穩定性外，還需要能快速開發新程式和嚴密的資料安全控管。本書提出的ERP4CDO是決策導向的ERP系統。

本書第一章提到數據長應具備的知識包括：資料政策與策略、資料治理、資料品質、資料整合、資料分析、資料視覺化與呈現和變革管理。數據長的職責之一是了解企業需要萃取、整合什麼資料，適時在ERP4CDO資料整合分析平臺中維護好資料，這需要前4項知識，即資料政策與策略、資料治理、資料品質和資料整合；數據長的職責之二是協助企業主管或其助理使用工具產生所需要的決策資訊，這需要後三項知識，即資料分析、資料視覺化與呈現和變革管理。

企業中的各公司都已經有ERP系統，為何還需另一套獨立的ERP4CDO系統？原因有二：

1. 高階主管使用的資訊系統必須萃取、整合各公司不同ERP系統的資料。
2. 各公司的ERP系統必定有許多使用者帳號，幾乎所有員工都能登入系統。高階主管人數少且資料非常敏感，應該使用另外一套獨立的資訊系統，較為安全。

本章及下一章討論，在傳統上不會操作ERP系統的C-Suite高階主管有資訊需求時，CDO如何協助高階主管的祕書或助理（而非資訊部門的程式設計師）快速做出應用程式，從ERP系統獲得所需資訊提供給高階主管。一般員工若知道高階主管的祕書或助理也能動手挖出企業資料，就會把資料處理當作重要的任務，不敢怠慢，公司的ERP系統必然更上軌道，資料必然更及時、正確和乾淨。

針對數據長應具備的後三項知識：資料分析、資料視覺化與呈現和變革管理，本章介紹CDO的行動應用（Mobile APP），下一章介紹CDO的響應式網頁（RWD, Responsive Web Design）應用，這二章是資料分析和資料視覺化與呈現，再下一章則介紹變革管理。

本書提出兩個開發工具，Mobile ERP4CDO和RWD ERP4CDO。事實

上，只要參考本書範例程式，了解如何叫用SOA-ERP的服務元件，使用者可以使用任何開發工具或任何程式語言來開發商業應用，本書介紹的這二個開發工具只是範例而已，目的是要讓讀者體驗快速開發的效果。

　　CDO行動應用的開發工具是以MIT AI2和SOA-ERP元件構成的Mobile ERP4CDO，程式分為畫面設計（Designer）和積木（Blocks）兩部分，開發時匯入現成的樣本程式（.aia）再修改成自己需要的程式。CDO響應式網頁開發工具是安裝了程式模板和SOA-ERP服務元件的開發環境，稱為RWD ERP4CDO，程式分為畫面（View）和控制（View Model）兩部分，開發時複製現成的樣本程式（.zul和.java）再修改成自己的程式。（註：MIT AI2是麻省理工學院的開源碼產品，SOA-ERP是寶盛數位科技公司的產品）

　　寫程式如同寫文章一樣，不是作家也能寫文章，為什麼一定要專業的程式設計師才能寫程式？如果ERP系統的數據變成可以組裝的積木，那麼沒學過資料庫、沒寫過程式的終端使用者（End User，如主管、祕書、特助）也能開發自己或長官需要的商用程式，寫出攸關組織成敗的關鍵任務商務應用（Mission Critical Business Applications）。這就是Forrester所謂的市民開發者（Citizen Developers）。

　　C-Suite高階主管需要資料時，CDO或C-Suite高階主管或其祕書、助理，可以自己做出行動應用或響應式網頁應用，讓主管們可以從手機或平板看到他們所需要的資訊。好處包括：

・不用把自己的需求講給程式設計師，因為他們聽不懂，就算聽懂也是一知半解。

・不用等一個月後程式設計師交付程式才發現不是你要的。

・不用重新再講一次需求，讓程式設計師再去修改程式，再等一個月，再失望一次……。

・主管心中有什麼需求，在數據長的指導下，自己或祕書、助理動手寫，一小時至半天就出來了。

## 7.1 建置Mobile ERP4CDO開發工具

Mobile ERP4CDO開發工具如圖7-1：

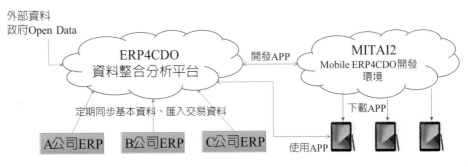

圖7-1　Mobile ERP4CDO開發工具

　　將企業各公司的ERP資料，經過萃取（Extract）和合併（Aggregate）後，匯入ERP4CDO資料整合分析平臺中。高階主管不需要知道所有資料，所以只需匯入部分的欄位，稱為「萃取」。例如，銷售訂單中，客戶的電話、地址等和高階主管想分析的資料無關，這些欄位不需匯入，高階主管不需要知道每張訂單的細部內容，他感興趣的可能是每個公司、每個月、每個客戶買了多少個什麼產品。可以設定一個自動匯入資料的期間，定期將每個公司上一期的相同客戶的「已結案」（不會再變）銷售訂單，合併成一張銷售訂單資料，呼叫ERP4CDO的「開立銷售訂單」服務，在ERP4CDO新增一張合併後的銷售訂單。導入ERP4CDO資料整合分析平臺，第一次匯入交易資料時，可以把過去數十年的歷史資料，一期一期分別合併匯進來，以後再定期匯入新的一期資料。

　　建立Mobile ERP4CDO開發工具前，先將第一個程式檔QryInventory.aia下載到你的電腦。Mobile ERP4CDO開發環使用MIT的APP Inventor（MIT AI2），建立開發工具前，你必須有Gmail帳號。首先，打開Google，搜尋MIT AI2，出現：

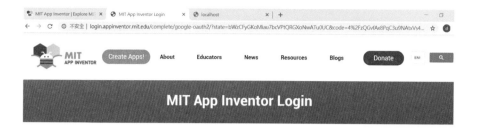

按「Create Apps!」，出現：

選擇你的Gmail帳號，登入MIT AI2。登入MIT AI2後出現：

按My Projects再按Import project (.aia) from my computer:

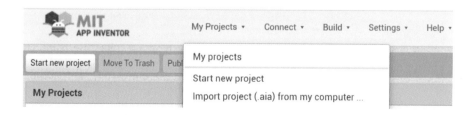

出現：

> **Import Project...**
>
> 　選擇檔案　未選擇任何檔案
>
> 　Cancel　　　　　　OK

　　按「選擇檔案」後，從電腦選擇先前下載的QryInventory.aia檔，再按OK，即可在My Projects中看到該程式。

　　在My Projects點一下程式名稱（注意不是在左邊打勾），畫面即出現該程式的內容。在Build下面點App（provide QR code for .apk）即出現QR碼，用手機掃描QR碼，程式即自動下載並安裝APP在手機中，可以開始測試。啟動程式後手機會出現登入畫面：

> **bizapp**　　　　　　beta
>
> 從新創公司成長到跨國集團都能持續使用的行動應用
>
> 語言Language　　中文　▼
>
> 企業代碼　　R14
>
> 帳號　　　　R14
>
> 密碼　　　　••••••••
>
> 　　　　　登入
>
> 更新外語字彙　　變更雲端ERP
>
> 請設定雲端NEO ERP的IP和承租戶ID
>
> NEO ERP IP　　211.75.139.35:8180
>
> TENANT ID　　007_CERPS_SOLOMO
>
> 確認　取消　預設
>
> copy right by hongmoyeh
> copy right by hongmoyeh

　　可輸入自己公司或學校的ERP系統網址（NEO ERP IP），或上圖中的IP，再輸入自己的承租戶代號（TENANT ID）、帳號、密碼（或上圖中的承

租戶代號、帳號、密碼lancer123），即可登入。

## 7.2 服務文件

ERP4CDO資料整合分析平臺由1萬多個SOA-ERP服務元件構成，每個元件就像一塊積木，可以組裝在MIT AI2中。開發Mobile ERP4CDO程式時，必須了解服務元件有什麼輸入和輸出，也就是你可以輸入什麼資料給服務，服務會回傳什麼資料給你，而這些都寫在「服務文件」中。圖7-2是「查詢庫存交易歷程」服務的文件，PARAMETER是輸入，告訴服務想查詢的件號或交易日期範圍等條件。RETURN是回傳資料，服務會回傳在指定的交易日期範圍內，發生的多筆交易歷程資料，放在名為DATA的資料群中，每筆資料包含交易日期、件號代號、件號名稱、交易數量、入庫／出庫等欄位。

圖7-2　服務文件

服務文件左邊窗格是包含很多服務元件的服務元件群（即使用案例，USE CASE，代號以UC_開頭），例如UC_CORE_INVENTORYCOMMONCOMPONENT是庫存共用元件、UC_CORE_INVOICE是發票元件、UC_CORE_INVOICEBOOK是發票本元件。每個UC分別包含數十個服務元件，例如QRYINVENTORYTRANSACTIONHISTORY是服務元件群UC_CORE_INVENTORYCOMMONCOMPONENT的服務元件之一。閱讀服務文

件時先選擇左邊的服務元件群，右邊窗格即出現該群的所有服務元件，點選一個服務元件即可看到服務文件的內容。

## 7.3　範例一：庫存查詢（參數設定，No-Code）

本範例程式的原始碼檔名爲QryInventory.aia。

### 7.3.1 初始化設定

任何APP一開始執行的時候，一定會先產生畫面上的清單選擇器（ListPicker，俗稱清單選擇器）的內容，稱爲初始化。例如查詢庫存的條件，可能包括查什麼倉庫和什麼產品，所以畫面上需有倉庫和產品的清單選擇器，初始化時呼叫倉庫和產品的服務元件，產生清單選擇器的清單內容。

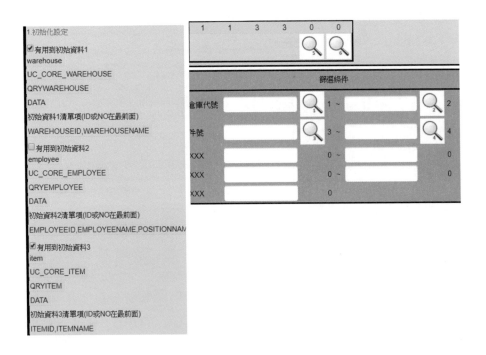

程式設定區是Designer版面上的不可視區，執行時不會出現，黃底文字是程式參數，會被Blocks讀入，生成程式。設定區之黃底文字是從服務文件複製貼上的，請注意，盡量用複製貼上，不要自己打字。Mobile ERP4CDO

的設定區預留3個初始化資料、4個日期選擇器和6個清單選擇器。有打勾的
初始資料才會被考慮，本範例的篩選條件包括倉庫和件號（產品），故初
始資料1和3有打勾，分別呼叫倉庫查詢（QRYWAREHOUSE）服務和件號
查詢（QRYITEM）服務，清單選擇器顯示的內容，分別為WAREHOUSEID,
WAREHOUSENAME和ITEMID, ITEMNAME。只要把預留的清單選擇器用
滑鼠拉到篩選器的適當位置即可，清單選擇器原位置上的黃底數字，表示內
容來自哪個初始資料。例如，第1和2個清單選擇器在被拉到篩選器前，其位
置上的數字是1，表示清單內容是倉庫，第3和4個清單選擇器在被拉到篩選
器前，其位置上的數字是3，表示清單內容是件號。

## 7.3.2 查詢服務設定

從QRYONHANDINVENTORY的服務文件可查出4個條件的KEY，篩選
器上的清單選擇器右邊的數字（篩選欄注入位置），代表該篩選欄的值（即
清單選擇器的選中項）會注入第幾個條件KEY。例如，第1個清單選擇器注
入第1個KEY，MINWAREHOUSEID；第2個清單選擇器注入第2個KEY，
MAXWAREHOUSEID；第3個清單選擇器注入第3個KEY，MINITEMID；
第4個清單選擇器注入第4個KEY，MAXITEMID。最底下的文字是輸出至表
格的欄位KEY，即要顯示在表格的服務回傳資料，也是從服務文件複製貼
上。篩選欄注入位置若為0，則執行程式時該篩選欄不會出現。

## 7.3.3 測試程式

設定完程式參數後即可按Build產生APK（在模擬器測試）或QR碼（在
手機測試）。登入後出現篩選器：

| QryPagingTemplate4Pad |
| --- |

**庫存查詢**

篩選條件

| 倉庫代號 | | 🔍 | ~ | | 🔍 |
| --- | --- | --- | --- | --- | --- |
| 件號 | | 🔍 | ~ | | 🔍 |

Paging ▼　PageSize 20　查詢

下完條件按「查詢」得到結果如下：

| QryPagingTemplate4Pad |
| --- |

**庫存查詢**

|◀ ◀ 1/9 ▶ ▶|

| 倉庫 | 產品代號 | 在庫量 | 預約量 | 可用量 |
| --- | --- | --- | --- | --- |
| C1 | 20-3334 | 99972.00 | 0.00 | 99972.00 |
| ClassStudent | 0001 | 9998.00 | 0.00 | 9998.00 |
| ClassStudent | 0002 | 9996.00 | 0.00 | 9996.00 |
| ClassStudent | 0003 | 9998.00 | 0.00 | 9998.00 |
| ClassStudent | 0004 | 9998.00 | 0.00 | 9998.00 |
| FJUG17004 | 10cm | 1000.00 | 0.00 | 1000.00 |
| FJUG17004 | C201704010 | 1.00 | 0.00 | 1.00 |
| FJUG17004 | C201704011 | 999.00 | 0.00 | 999.00 |
| FJUG17004 | C201704015 | 1008.00 | 0.00 | 1008.00 |
| FJUG17004 | C201704002 | 105.00 | 50.00 | 55.00 |
| FJUG17004 | C201704003 | 22.00 | 0.00 | 22.00 |
| FJUG17004 | C201704004 | 100.00 | 80.00 | 20.00 |
| FJUG17004 | C201704005 | 150.00 | 75.00 | 75.00 |
| FJUG17004 | C201704006 | 10.00 | 0.00 | 10.00 |
| FJUG17004 | C201704007 | 10.00 | 0.00 | 10.00 |
| FJUG17004 | C201704008 | 11.00 | 0.00 | 11.00 |
| FJUG1704 | 374429 | 5000.00 | 0.00 | 5000.00 |
| FJUG1704 | C201704002 | 20.00 | 0.00 | 20.00 |
| FJUIM | core | 201.00 | 10.00 | 191.00 |
| FJUIM | tube | 211.00 | 10.00 | 201.00 |

　　範例一是「無碼平臺」（No-Code Platform），透過參數設定產生APP，不需寫程式。想知道為什麼不需要寫程式就有程式可用的讀者，可以參考附錄A的「低碼平臺」（Low-Code Platform）程式開發。附錄A以和範例一相同的「庫存查詢」為例，但不透過參數設定，直接在Blocks寫程式，來說明程式的原理。

## 7.4 範例二：產品客戶銷售數量金額儀表板（No-Code）

本範例程式的原始碼檔名為BrSoProdCust.aia。

### 7.4.1 初始化設定及查詢服務設定

如同範例一設定篩選器上的清單選擇器和查詢服務，如下圖：

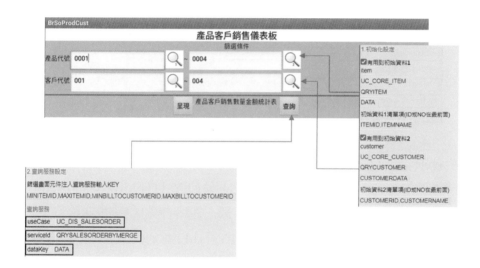

### 7.4.2 測試程式

為了和儀表板設定對照著看，先測試程式並顯示測試結果為：

| 客戶名稱 | 大雄 | | | | 小叮噹 | | | | 小夫 | | | | 胖虎 | | | | Total | | | |
|---|---|---|---|---|---|---|---|---|---|---|---|---|---|---|---|---|---|---|---|---|
| 產品代號_名稱 | 數量 | 金額 | 均價 | 價差 | 數量 | 金額 | 均價 | 價差 | 數量 | 金額 | 均價 | 價差 | 數量 | 金額 | 均價 | 價差 | 數量 | 金額 | 均價 | 價差 |
| 0001_波羅麵包 | 2091 | 105490 | 50 | 0 | 4 | 210 | 52 | 2 | 57 | 2780 | 49 | -2 | 4 | 220 | 55 | 5 | 2156 | 108700 | 50 | 0 |
| 0002_冰淇淋 | 2034 | 81360 | 40 | 0 | 1 | 30 | 30 | -10 | 28 | 1100 | 39 | -1 | 3 | 120 | 40 | 0 | 2066 | 82610 | 40 | 0 |
| 0003_美式咖啡 | 14 | 385 | 28 | -10 | 9 | 405 | 45 | 8 | 15 | 485 | 32 | -5 | 12 | 600 | 50 | 12 | 50 | 1875 | 38 | 0 |
| 0004_滷肉飯 | 3 | 120 | 40 | -1 | 13 | 550 | 42 | 1 | 5 | 210 | 42 | 1 | 13 | 520 | 40 | -1 | 34 | 1400 | 41 | 0 |
| Total | 4142 | 187355 | 45 | 0 | 27 | 1195 | 44 | -1 | 105 | 4575 | 44 | -2 | 32 | 1460 | 46 | 0 | 4306 | 194585 | 45 | 0 |

### 7.4.3 儀表板表格設定

儀表板設定如下：

```
3.儀表板表格設定
groupKeys    ITEMID,ITEMNAME
seriesKey    BILLTOCUSTOMERNAME
serviceNumericKeys    ORDERQUANTITY,SODETAILORDERAMOUNT
groupKeysLabel    產品代號_名稱
seriesKeyLabel    客戶名稱
serviceNumericLabels    數量,金額
tableDigitSize    0    表格小數位數
rowTotals    sum,sum    指定sum或avg,數目同數值欄位, 空白則無row total.
表格公式設定(最多6個)
tableFormulas    SODETAILORDERAMOUNT/ORDERQUANTITY|SODETAILORDERAMOUNT/ORDERQUANTITY-Total_tableFormula0
tableFormulaLabels    均價|價差    以|相隔
tableFormulaDigitSize    2
```

　　groupKeysLabel為左表頭的標籤，即「產品代號_名稱」，groupKeys為左表頭的內容，即「查詢件號」服務的回傳KEY「ITEMID, ITEMNAME」之值，seriesKeyLabel為上表頭的標籤，即「客戶名稱」，seriesKey為上表頭的內容，即「查詢客戶」服務的回傳KEY「BILLTOCUSTOMERNAME」之值。在上節中，我們已經設定本儀表板查詢服務為UC_DIS_SALESORDER的QRYSALESORDERBYMERGE，回傳資料為DATA。serviceNumericLabels為本儀表板查詢服務（QRYSALESORDERBYMERGE）回傳數值欄位之標籤，即「數量,金額」。serviceNumericKeys為本儀表板查詢服務（QRYSALESORDERBYMERGE）回傳數值欄位KEY「ORDERQUANTITY,SODETAILORDERAMOUNT」之值，即「數量,金額」欄下的數字。上表頭除了各客戶名稱外，最右邊還有一欄為Total，那是因為在rowTotals設了「sum,sum」而自動產生的。

　　除了儀表板查詢服務回傳的數值欄位「數量,金額」外，我們尚可自行定義表格公式。tableFormulaLabels定義了表格公式的欄位標籤，即「均價|價差」。tableFormulas定義了表格公式，本範例有二個公式，程式中的變數名稱為「seriesKey值_tableFormula0」和「seriesKey值_tableFormula1」，例如：件號「0001_波羅麵包」的客戶「小叮噹」的均價

和價差分別為「小叮噹_ tableFormula0」(52)和「小叮噹_ tableFormula1」
(2)。第1個公式為「均價」，其公式為SODETAILORDERAMOUNT/
ORDERQUANTITY，也就是「金額/數量」。第二個公式為「價差」，其公
式為SODETAILORDERAMOUNT/ORDERQUANTITY- Total_tableFormula0。
事實上，第2個公式tableFormula1使用了第一個公式tableFormula0。

## 7.4.4 儀表板圖形設定

Mobile ERP4CDO的圖形使用Google Charts，本範例有二個圖形，各種圖
形設定都用 | 隔開。圖形設定包括：chartTitle是圖形名稱，chartType是圖形
種類，可能的選項列在右邊。numericKeys是繪圖所根據的數值欄位，若一
圖形有多數值欄則以逗點隔開（亦即圖和圖以|隔開，一個圖的多個數值欄
以,隔開），numericLabels是數值標籤。

第一個圖形執行結果如下：

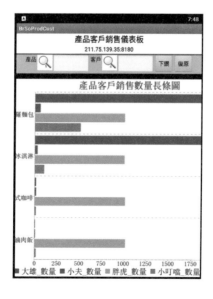

第二個圖形執行結果如下：

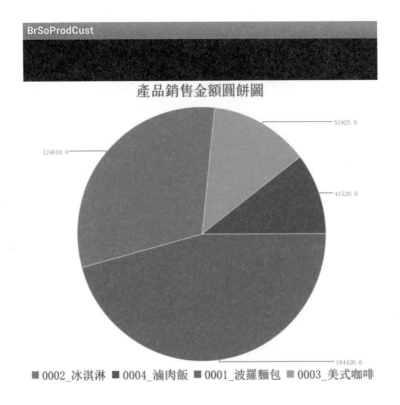

## 7.5 範例三：多公司財務儀表板 ── 銷售利潤分析（No-Code）

本範例程式的原始碼檔名為BrEntitySalesProfit.aia。

### 7.5.1 查詢服務設定

財務分析儀表板的資料來自「傳票總帳月計」服務元件，即每月會計結帳後的各總帳會計科目的餘額統計，其查詢服務設定為：

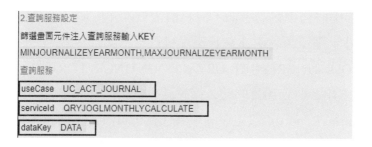

因為「傳票總帳月計查詢」服務（UC_ACT_JOURNAL. QRYJOGLMON
THLYCALCULATE）的回傳欄位，只用到會計科目及「本期記帳餘額」
（CPERIODENTRYBALANCEAMOUNT），也就是每一個會計科目的本期
記帳餘額，無法區分哪些會計科目是屬於銷貨收入、銷貨成本、費用等財務
項目（Fin Item），故先要在SOA-ERP系統上維護會計報表。本範例建立一
個代號為ISFinItemCodes的會計報表，包含3個財務項目碼（finItemCode），
代號為Revenue, CostOfSales和Expense，分別設定它們的起迄會計科目代號，
財務儀表板即根據查詢出來的資料的會計科目代號，判斷屬於哪一個財務項
目。會計報表維護的程式是用第八章的「RWD ERP4CDO開發工具」做的，
如下圖：

| 序號 | 科目類別 | 借餘/貸餘 | 科目起代號 | 科目起名稱 | 科目迄代號 | 科目迄名稱 | 會計報表明細項目 | 會計報表明 | B |
|------|---------|-----------|-----------|-----------|-----------|-----------|-----------------|-----------|---|
| 0010 | I | * | 411100 | 銷貨收入 | 421100 | 勞務收入 | Revenue | 0010 | |
| 0020 | E | * | 502101 | 進貨 | 535100 | 製造費用-它項攤提 | CostOfSales | 0020 | |
| 0030 | E | * | 611100 | 銷售費用-薪資 | 635100 | 研發費用-它項攤提 | Expense | 0030 | |

圖7-3　ISFinItemCodes會計報表

　　為了求出財務項目的金額，財務儀表板除了呼叫「傳票總帳月計查詢」服務外，還須再呼叫「會計報表科目資料明細檔查詢」服務（UC_ACT_ACCOUNTINGREPORT. QRYACCOUNTINGREPORTACCOUNTBYSYSID），求出各財務項目的起、迄會計科目，再統計出各財務項目的餘額。accountingReportIds設定會計報表代號，可設定多個，本範例只需一個。finItemCodes設定每個會計報表所包含的財務項目，本範例為Revenue, CostOfSales, Expense，如下：

```
accountingReportIds   ISFinItemCodes   (財務儀表板專用)

finItemCodes   Revenue,CostOfSales,Expense   (財務儀表板專用)
```

## 7.5.2 儀表板表格設定

　　表格的左表頭為記帳年月，上表頭為營運主體（即公司），數值欄位為財務項目，設定如下：

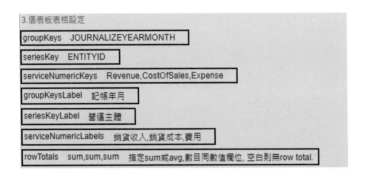

```
3.儀表板表格設定
groupKeys   JOURNALIZEYEARMONTH

seriesKey   ENTITYID

serviceNumericKeys   Revenue,CostOfSales,Expense

groupKeysLabel   記帳年月

seriesKeyLabel   營運主體

serviceNumericLabels   銷貨收入,銷貨成本,費用

rowTotals   sum,sum,sum   指定sum或avg,數目同數值欄位, 空白則無row total.
```

　　groupKeysLabel為左表頭標籤，即「記帳年月」，groupKeys為左表頭欄位KEY，即JOURNALIZEYEARMONTH，seriesKeyLabel為上表頭標籤，即「營運主體」，seriesKey為上表頭欄位KEY，即ENTITYID，serviceNumericLabels為數值欄位標籤，即「銷貨收入,銷貨成本,費用」，serviceNumericKeys為數值欄位值之KEY，即財務項目Revenue, CostOfSales和Expense。

### 7.5.3 表格公式設定

本範例分析毛利和淨利，故須設定表格公式，公式和公式之間以|隔開，如下：

本範例設定二個表格公式，毛利和淨利，表格中多出的二欄就是這樣來的。

### 7.5.4 測試程式

執行結果如下圖：

| 營運主體 | R14 | | | | | WY | | | | | Total | | | | |
|---|---|---|---|---|---|---|---|---|---|---|---|---|---|---|---|
| 記帳年月 | 銷貨收入 | 銷貨成本 | 費用 | 毛利 | 淨利 | 銷貨收入 | 銷貨成本 | 費用 | 毛利 | 淨利 | 銷貨收入 | 銷貨成本 | 費用 | 毛利 | 淨利 |
| 202001 | 0 | 0 | 0 | 0 | 0 | 0 | 0 | 185 | 0 | -185 | 0 | 0 | 185 | 0 | -185 |
| 202002 | 127970 | 5086 | 20 | 122884 | 122864 | 3778299 | 17367 | 4176166 | 3760932 | -415234 | 3906269 | 22453 | 4176186 | 3883816 | -292370 |
| 202003 | 0 | 0 | 0 | 0 | 0 | 19048 | 762 | 20 | 18286 | 18266 | 19048 | 762 | 20 | 18286 | 18266 |
| 202006 | 100 | 0 | 0 | 100 | 100 | 0 | 10000 | 0 | -10000 | -10000 | 100 | 10000 | 0 | -9900 | -9900 |
| 202007 | 17575 | 6266 | 0 | 11310 | 11310 | 0 | 0 | 0 | 0 | 0 | 17575 | 6266 | 0 | 11309 | 11309 |
| 202008 | 638895 | 1334 | 5010 | 637562 | 632552 | 0 | 0 | 0 | 0 | 0 | 638895 | 1334 | 5010 | 637561 | 632551 |
| Total | 784540 | 12685 | 5030 | 771855 | 766825 | 3797347 | 28129 | 4176371 | 3769218 | -407153 | 4581887 | 40814 | 4181401 | 4541073 | 359672 |

本範例共有二個公司R14和WY，分別有5個欄位，3個數值欄加2個公式欄。因為儀表板表格有設定rowTotals為sum，故多了一個營運主體Total，乃二個營運主體的加總。

### 7.5.5 KPI公式設定

KPI公式取營運主體Total的Total列之值來計算，本範例的KPI公式設定如下：

| KPI公式設定(最多12個) | |
|---|---|
| kpiFormulas | count\|Revenue\| Revenue-CostOfSales \|(Revenue-CostOfSales)/Revenue |
| kpiFormulaLabels | 月數:\|總營業額: \|總毛利: \|總毛利率%: \|總淨利: \|總淨利率%: |

kpiFormulas可設定KPI公式，count即資料數，也就是表格的列數（Total
列除外），本範例為6。Revenue, CostOfSales, Expense即營運主體Total之Total
列的銷貨收入、銷貨成本和費用。KPI公式的完整內容如下：

count|Revenue| Revenue-CostOfSales | (Revenue-CostOfSales) /Revenue*100 |
Revenue-CostOfSales- Expense | (Revenue-CostOfSales-Expense) /Revenue*100

KPI執行結果如下圖：

| | 11:35 |
|---|---|
| BrEntitySalesProfit | |

### 營運主體銷售利潤分析

| KPI | VALUE |
|---|---|
| 月數: | 6.00 |
| 總營業額: | 4581887.00 |
| 總毛利: | 4541073.00 |
| 總毛利率%: | 99.11 |
| 總淨利: | 359672.00 |
| 總淨利率%: | 7.85 |

## 7.5.6 儀表板圖形設定

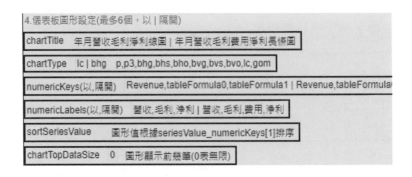

| 4.儀表板圖形設定(最多6個，以 \| 隔開) | | |
|---|---|---|
| chartTitle | 年月營收毛利淨利線圖 \| 年月營收毛利費用淨利長條圖 | |
| chartType | lc \| bhg | p,p3,bhg,bhs,bho,bvg,bvs,bvo,lc,gom |
| numericKeys(以,隔開) | Revenue,tableFormula0,tableFormula1 \| Revenue,tableFormula |
| numericLabels(以,隔開) | 營收,毛利,淨利 \| 營收,毛利,費用,淨利 | |
| sortSeriesValue | 圖形值根據seriesValue_numericKeys[1]排序 | |
| chartTopDataSize | 0 | 圖形顯示前幾筆(0表無限) |

　　本範例設定二個圖形。chartTitle是圖形名稱，chartType是圖形種類，numericKeys是繪圖所根據數值欄位，包括財務項目和表格公式，tableFormula0為毛利，tableFormula1為淨利，完整的numericKeys為「Revenue, tableFormula0, tableFormula1 | Revenue, tableFormula0, Expense, tableFormula1」。圖形中的圖例在numericLabels定義，即「營收，毛利，淨利 | 營收，毛利，費用，淨利」。第一個圖形執行結果如下：

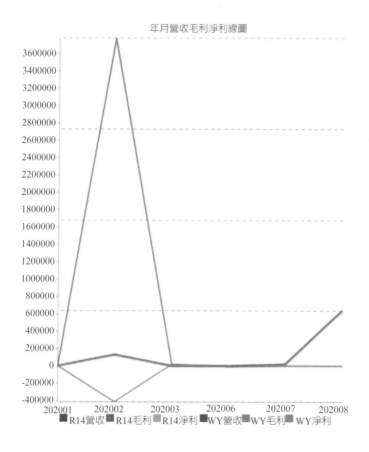

第2個圖形執行結果如下：

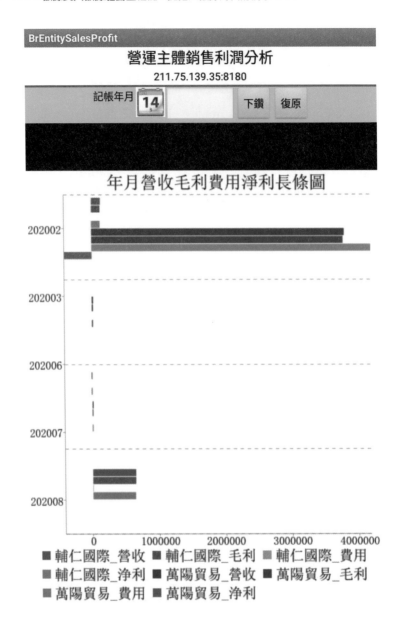

圖形可以下鑽，例如，選擇記帳年月202002再按「下鑽」，結果如下：

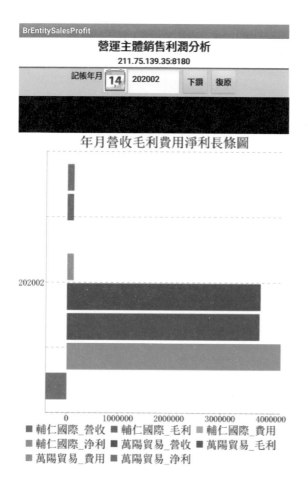

## 7.6 範例四：多公司財務儀表板 —— 經營能力分析（No-Code）

本範例程式的原始碼檔名為BrEntityOpCapability.aia。

### 7.6.1 查詢服務設定

與上一個範例相同，財務分析儀表板的資料來自傳票總帳月計，即每月會計結帳後的各總帳會計科目的餘額統計，故查詢服務設定為：

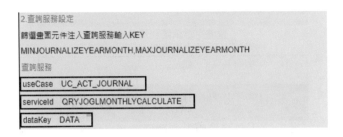

本範例使用到二個會計報表，第一個和上例相同，即ISFinItemCodes，第二個為資產負債相關。

會計報表，代號為BSFinItemCodes，包含二個財務項目碼（finItemCode），分別為AcctReceivable和Inventory。會計報表維護的程式是用「RWD ERP4CDO開發工具」做的，如圖7-4：

圖7-4　BSFinItemCodes會計報表

為了求出財務項目的金額，財務儀表板除了呼叫「傳票總帳月計查詢」服務外，還須再呼叫「會計報表科目資料明細檔查詢」服務（UC_ACT_ACCOUNTINGREPORT. QRYACCOUNTINGREPORTACCOUNTBYSYSID），求出各財務項目的起、迄會計科目，再統計出各財務項目的餘額。accountingReportIds設定會計報表代號，可設定多個，本範例設定二個會計報表，ISFinItemCodes和BSFinItemCodes。finItemCodes設定每個會計報表所包含的財務項目，本例為Revenue, CostOfSales, AcctReceivable, Inventory。此為綜合二個會計報表的財務項目，故會計報表間有|區隔，財務項目則一律

用逗點（,）隔開。如下：

| accountingReportIds | ISFinItemCodes|BSFinItemCodes | （財務儀表板專用） |
| finItemCodes | Revenue,CostOfSales,AcctReceivable,Inventory | （財務儀表板專用） |

## 7.6.2 儀表板表格設定

表格的左表頭groupKeys為記帳年月，上表頭seriesKey為營運主體（即公司），數值欄位serviceNumericKeys為財務項目，設定如下：

3.儀表板表格設定

| groupKeys | JOURNALIZEYEARMONTH |
| seriesKey | ENTITYID |
| serviceNumericKeys | Revenue,CostOfSales,AcctReceivable,Inventory |
| groupKeysLabel | 記帳年月 |
| seriesKeyLabel | 營運主體 |
| serviceNumericLabels | 營業收入,銷貨成本,應收帳款,庫存 |
| rowTotals | sum,sum,sum,sum 指定sum或avg,數目同數值欄位,空白則無row total. |
| tableDigitSize | 0 表格小數位數 |

## 7.6.3 測試程式

儀表板表格之執行結果如下圖：

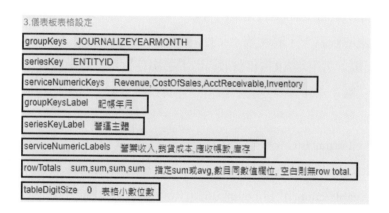

BrEntityOpCapability　　　　　　　　　　　　　　　　9:50

### 營運主體經營能力分析

記帳年月 14　　　　　下鑽　復原

| 營運主體 | R14 | | | | WY | | | | Total | | | |
| 記帳年月 | 營業收入 | 銷貨成本 | 應收帳款 | 庫存 | 營業收入 | 銷貨成本 | 應收帳款 | 庫存 | 營業收入 | 銷貨成本 | 應收帳款 | 庫存 |
| 202001 | 0 | 0 | 0 | 0 | 0 | 0 | -1050 | 0 | 0 | 0 | 0 | -1050 |
| 202002 | 127970 | 5086 | 134270 | 0 | 3778299 | 17367 | 3541883 | 0 | 3906269 | 22453 | 3676153 | 0 |
| 202003 | 0 | 0 | 0 | 0 | 19048 | 762 | 0 | 0 | 19048 | 762 | 0 | 0 |
| 202006 | 100 | 0 | 105 | 72 | 0 | 10000 | 0 | 0 | 100 | 10000 | 105 | 72 |
| 202007 | 17575 | 6266 | 18458 | 164256 | 0 | 0 | 0 | 0 | 17575 | 6266 | 18458 | 164256 |
| 202008 | 638895 | 1334 | 670843 | -1334 | 0 | 0 | 0 | 0 | 638895 | 1334 | 670843 | -1334 |
| Total | 784540 | 12685 | 823676 | 162994 | 3797347 | 28129 | 3540833 | 0 | 4581887 | 40814 | 4364509 | 162994 |

## 7.6.4 KPI公式設定

KPI公式取營運主體Total的Total列之值來計算，本範例的KPI公式設如下：

| KPI公式設定(最多12個) | |
|---|---|
| kpiFormulas | AcctReceivable/count\|Revenue\|Revenue/(AcctReceivable/count)\|(Revenu (AcctReceivable/count))/(Revenue/count*12)\|Inventory/count\|CostOfSales\| (CostOfSales/(Inventory/count))*12/count\|365/((CostOfSales/(Inventory/co |
| kpiFormulaLabels | 平均應收帳款:\|總營收:\|期間AR週轉次數:\|年AR週轉次數:\|AR週轉天數 均存貨佔年銷貨成本比: |
| kpiFormulaDigitSize | 2 |

12個kpiFormulaLabels的完整內容如下：

平均應收帳款：｜總營收：｜期間AR週轉次數：｜年AR週轉次數：｜AR週轉天數：｜平均AR占年營收%：｜平均存貨：｜總銷貨成本：｜期間存貨週轉次數：｜年存貨週轉次數：｜存貨週轉天數：｜平均存貨占年銷貨成本%：

12個kpiFormulas的完整設定如下：

AcctReceivable/count| Revenue| Revenue/(AcctReceivable/count)|(Revenue/(AcctReceivable/count))*12/count| 365/((Revenue/(AcctReceivable/count))*12/count)|(AcctReceivable/count)/(Revenue/count*12)*100| Inventory/count| CostOfSales| CostOfSales/(Inventory/count)|(CostOfSales/(Inventory/count))*12/count|365/((CostOfSales/(Inventory/count))*12/count)|(Inventory/count)/(CostOfSales/count*12)*100

KPI執行結果如下圖：

| BrEntityOpCapability | |
|---|---|

### 營運主體經營能力分析

| KPI | VALUE |
|---|---|
| 平均應收帳款: | 727418.17 |
| 總營收: | 4581887.0 |
| 期間AR週轉次數: | 6.3 |
| 年AR週轉次數: | 12.6 |
| AR週轉天數: | 28.97 |
| 平均AR佔年營收%: | 7.94 |
| 平均存貨: | 27165.69 |
| 總銷貨成本: | 40814.0 |
| 期間存貨週轉次數: | 1.5 |
| 年存貨週轉次數: | 3.0 |
| 存貨週轉天數: | 121.47 |
| 平均存貨佔年銷貨成本%: | 33.28 |

## 7.6.5 儀表板圖形設定

本範例設定四個圖形：

| 4.儀表板圖形設定(最多6個，以 \| 隔開) | |
|---|---|
| chartTitle | 年月營收線圖 \| 年月營收/應收/存貨長條圖 \| 應收佔年營收% \| 庫存佔年銷貨成本% |
| chartType | lc \| bhg \| gom \| gom    p,p3,bhg,bhs,bho,bvg,bvs,bvo,lc,gom |
| numericKeys(以\|隔開) | Revenue \| Revenue,AcctReceivable,Inventory \| kpiFormula5 \| kpiFormula11 |
| assignedChartNumericKeys | |
| numericLabels(以\|隔開) | 營收 \| 營收,應收,存貨 \| % \| % |

第一個圖形執行結果如下：

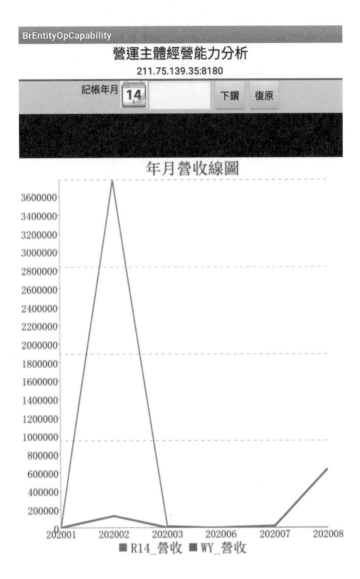

第二個圖形執行結果如下：

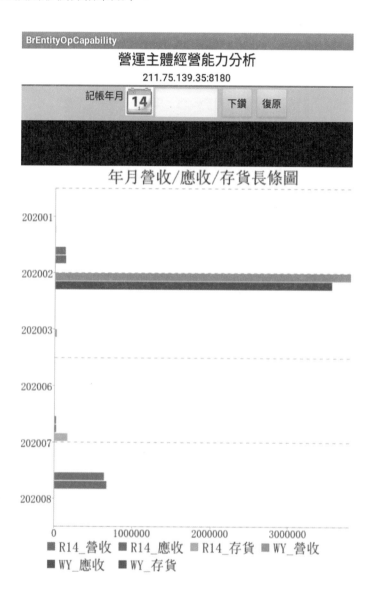

第二個圖形下鑽記帳年月202002，執行結果如下：

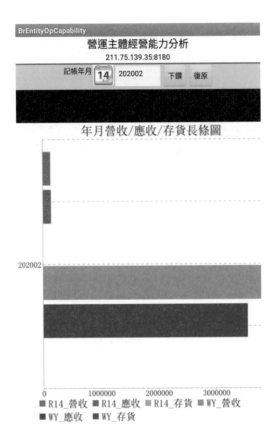

第三和第四個圖形執行結果如下：

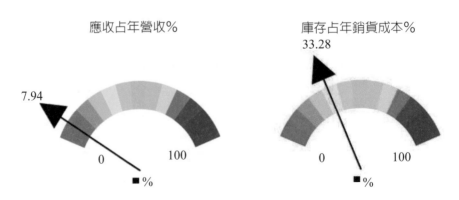

## 7.7　結論

數據長（CDO）的行動應用開發工具Mobile ERP4CDO結合MIT AI2和SOA-ERP服務元件，只要找到正確的服務元件，接下來的工作就只是複製SOA-ERP的服務文件（LCServiceDoc，即API）之文字，貼上MIT AI2畫面設計（Designer）版面。所以，只要會閱讀SOA-ERP的服務文件，任何人都可以開發行動APP。本章列舉了四個範例，都不需寫程式只要設定參數就能完成行動應用，找到服務後都可以在十分鐘至三十分鐘內開發完成，因為不過就是複製貼上而已。C-Suite高階主管或其祕書、助理有任何數據分析的需求，只要找到服務元件和類似的APP範例，修改其中的設定即可完成程式開發。本書附錄A有一個低碼（Low-Code）程式範例，需要組裝MIT AI2的積木，有興趣的讀者可以閱讀其內容，了解本章四個範例為何只要設定參數就能完成程式。

# 第八章

# 數據長的響應式網頁應用

"Mass customization is the new frontier in business for both
manufacturing and service industries. At its core, is a tremendous
increase in variety and customization without a corresponding
increase in costs."

-Pine, B. Joseph

　　本書提出的ERP4CDO是可以用於決策的ERP系統。作者在企業界和學術界服務多年，輔導過無數大小企業使用各式ERP系統。作者觀察到，ERP系統幾乎都是作業人員在使用的，高階主管用得很少，大部分是閱讀由祕書、助理或中階主管從ERP系統整理出來的手工報表（Excel也是手工報表）。這種作法的缺點包括：浪費人力、整理手工報告的過程可能發生錯誤、人工查詢資料再做成報表時效性不佳、過程中可能有不當的人為加工、無法從雲端查到即時資料等等。高階主管為何不直接從ERP系統取得資料？傳統的ERP系統必須事先寫好程式，而高階主管的需求往往是突然發生的（Ad-Hoc），想到什麼就要什麼，所以需要「大量客製化」（Mass Customization），當下寫出程式。除非寫程式的速度非常的快，否則無滿足高階主管的需求。速度是當今企業最重要的競爭因素，也只有「快速」才能在大量客製化的同時不會增加成本。ERP4CDO可蒐集企業中各公司不同ERP系統的資料，做成積木（Blocks）般的資料元件，並能以「無碼」（No-Code，不寫程式）或「低碼」（Low-Code，寫少量程式）的方式組裝資料積木產生高階主管需要的資訊，開發程式的速度極快。

　　本書提出兩個數據長可以使用的開發工具，Mobile ERP4CDO和RWD

ERP4CDO，前者在上一章討論，本章介紹後者。事實上，只要參考本書範例程式，了解如何叫用SOA-ERP的服務元件，使用者可以使用任何開發工具或任何程式語言來開發商業應用，本書介紹的這二個開發工具只是範例而已，目的是要讓讀者體驗快速開發的效果。

　　響應式網頁設計（RWD, Responsive Web Design）是現今最重要的網頁介面設計技術，響應式網頁可以隨著電腦、平板或手機等設備的面板大小而自動調整版面，創造最佳的使用者經驗（UX, User Experience）。CDO響應式網頁的開發工具是安裝了程式模板，和SOA-ERP服務元件的開發環境，稱為RWD ERP4CDO。RWD ERP4CDO是MVVM架構，即Model-View-ViewModel，Model是Service Model，即SOA-ERP的服務元件，是現成的，不需寫程式，需要撰寫的程式分為畫面（View）和控制（ViewModel）兩部分。View是畫面程式，使用ZK開源碼（一種網頁介面框架），其副檔名為.zul；ViewModel是邏輯程式，使用java開源碼，其副檔名為.java。在ViewModel組合Model的SOA-ERP服務元件（Service Components），作出商務流程（Business Process），並從View輸入或輸出畫面元件（UI Components）的值。開發時複製現成的樣本程式（View.zul和ViewModel.java）再修改成自己的程式即可。（註：ZK是Potix科技公司的產品， SOA-ERP是寶盛數位科技公司的產品）

　　RWD ERP4CDO開發工具分為無碼（No-Code）和低碼（Low-Code）二種。無碼開發（No-Code）的好處是不用寫程式就有程式，它把程式參數化，參數可記錄在SOA-ERP的「萬用介面」中，或ViewModel程式中。只需在萬用介面或ViewModel程式填入參數，告訴RWD ERP4CDO你想做什麼，就可執行程式，所以開發速度很快。啟動程式時，程式會先讀取讀取「萬用介面」或ViewModel中的參數，並產生使用者介面。無碼開發的缺點是，畫面中的表格數、表格的維度數、表格中的欄位數、按鈕數等等都有上限，且其佈局、顏色、形狀等都是預設的，無法改變，因為「萬用程式」已經事先寫好了，所以開發者只能遷就它，不能自由發揮。而且，就算程式很簡單，欄位數和按鈕數很少，「萬用程式」還是會依上限來跑，故效能可能較差。

　　低碼開發（Low-Code）則比較沒有限制，開發者可做出任何想要的效

果,但缺點是需要寫程式。好在程式通常很短,而且是複製既有程式來修改,所以稱為低碼(Low-Code)。兩種方法可以併用,先用無碼開發做出原型(Prototype),和使用者反覆討論,證明介面(UI, User Interface)和流程(BP, Business Process)都是正確的,然後才用低碼開發做出正式版本。如果使用者不介意畫面樣式和效能(低碼程式比無碼程式快約10倍),無碼開發的原型程式也可以當作正式程式來使用。C-Suite高階主管或其祕書、助理(就是Forester Research所謂的Citizen Developer)若要自己寫RWD程式,建議使用無碼開發,若無法做到所需效果,再用低碼開發完成最後的程式。

## 8.1 建置RWD ERP4CDO開發工具

RWD ERP4CDO開發工具如圖8-1:

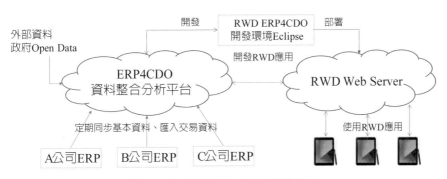

圖8-1　RWD ERP4CDO開發工具

　　將企業各公司的ERP資料,經過萃取(Extract)和合併(Aggregate)後,遞增地(Incrementally)匯入ERP4CDO資料整合分析平臺中。高階主管不需要知道所有資料,所以只需要匯入部分的欄位,稱為「萃取」。例如,銷售訂單中,客戶的電話、地址等和高階主管想分析的資料無關,這些欄位不需匯入,高階主管不需要知道每張訂單的細部內容,他感興趣的可能是每個關係企業、每個月、每個客戶買了多少什麼產品。可以設定一個自動匯入資料的期間(Time Bucket)和時程表,定期將上一期的相同客戶的「已結案」(不會再變)銷售訂單,「合併」成一張銷售訂單資料,呼叫

ERP4CDO的「開立銷售訂單」服務，在ERP4CDO新增一張合併後的銷售訂單，這些資料就會變成元件，隨時可以組裝成各種銷售相關儀表板。

　　銷售資料通常每週匯入一次，也可以每天一次，可以在ERP4CDO設定時程表自動匯入。財務資料通常每月匯入一次，只要將各公司的資產負債表的各科目餘額，和損益表的當月發生金額做成分錄（Entries），或直接讀入各公司ERP系統的會計科目月統計資料，呼叫「開立傳票工作底稿單服務」，再呼叫「會計轉單」服務自動過帳成為結案狀態的傳票，即可利用「傳票總帳月計查詢」服務，產生各項財務比率或KPI做成儀表板。這些財務比率或KPI儀表板是不需要寫程式的，所以速度快，使用者也能自己做。

　　匯入新資料時不影響原資料，資料逐漸「遞增」。導入ERP4CDO資料整合分析平臺，第一次匯入交易資料時，可以把過去數十年的歷史資料一期一期分別合併匯進來，以後再定期匯入新的一期資料。了解企業需要萃取合併什麼資料，適時在ERP4CDO資料整合分析平臺中維護好資料，並指導高階主管或其祕書、助理使用工具產生所需要的決策資訊，是數據長的職責。

　　Mobile ERP4CDO的APP是直接叫用SOA-ERP服務元件，RWD ERP4CDO的網頁應用不一樣，必須在一個網頁伺服器（Web Server）執行程式，透過網頁伺服器來呼叫SOA-ERP的服務元件。整個RWD ERP4CDO開發工具放在一個java的壓縮檔中，名稱為NeoEUD.war，EUD的意思是End User Developer，也就是Forester Research所謂的「市民開發者」（Citizen Developer）。

　　企業或學校須提供一個網頁伺服器，將NeoEUD.war部署上去即完成RWD ERP4CDO開發工具的建置。

## 8.2 程式命名原則

　　RWD ERP4CDO開發工具共有三種程式模板：維護、查做、分析。維護程式可以新增（Create）、查詢（Retrieve）、修改（Update）、刪除（Delete）資料，也就是所謂的CRUD，查做程式可以查詢資料（Query），並根據查到的資料做事（Do），分析程式則為商務報告（Business Report）

或儀表板。這三種模板分別有無碼（No-Code）和低碼（Low-Code）的樣本程式，程式命名原則（Naming Convention）雖然是本書作者規定的，但很重要，開發者應遵循命名原則才易於管理及維護程式。程式名稱頭尾都是規定的，只有中間文字和特定主題有關，下表中的Xx即代表特定主題，例如銷售訂爲So（Sales order）、出貨單爲Sd（Sales delivery）。RWD ERP4CDO程式命名原則如下表：

| 程式類別 | 無碼（No-Code） | | 低碼（Low-Code） | |
|---|---|---|---|---|
| | 命名原則 | 範例 | 命名原則 | 範例 |
| 維護 | CrudXxView.zul<br>CrudXxViewModel. java | CrudSoView.zul<br>CrudSoViewModel.java | MaintainXxView.zul<br>MaintainXxViewMod el.java | MaintainSoView.zul<br>MaintainSoViewModel.jav a |
| 查做 | QryDoXxView.zul<br>QryDoXxViewMod el.java | QryDoSoCrtSdView.zul<br>QryDoSoCrtSdViewMo del.java | InquireXxView.zul<br>InquireXxViewModel. java | InquireSoCrtSdView.zul<br>InquireSoCrtSdViewModel.j ava |
| 分析 | BrXxView.zul<br>BrXxViewModel.jav a | BrSoPrudCustView.zul<br>BrSoPrudCustViewMod el.java | AnalyzeXxView.zul<br>AnalyzeXxViewModel.java | AnalyzeSoPrudCustView.zul<br>AnalyzeSoPrudCustViewMo del.java |

　　因爲本章的主旨是數據長（CDO）的分析工具，故只討論分析的部分，包括無碼（No-Code）和低碼（Low-Code）。

## 8.3　儀表板表格版面

　　程式呼叫服務元件取得的資料爲單維的表格，RWD ERP4CDO開發工具可將該單維表格變成包含群（Group）、組（Series）、期間（Period）和數值（Numeric）欄位的多維統計表格。例如，呼叫「採購單依合併查詢」服務，回傳的資料包括廠商名稱、件號（產品）名稱、訂單日期、採購數量、

採購金額。若把廠商名稱設為群欄位、件號名稱設為組欄位、選擇MTD和
YTD設為期間欄位、採購數量和金額設為數值欄位，則可得到統計表格如
下：

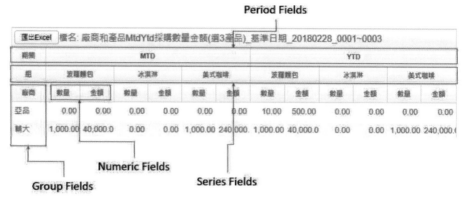

使用RWD ERP4CDO開發程式，至少需設群（Group）和數值（Numeric）
欄位，組（Series）和期間（Period）欄位則可擇一或二者皆設定。使用無碼
（No-Code）環境，組、數值、期間欄位數相乘有其上限，除非修改框架（即
萬用程式）；使用低碼（Low-Code）環境則無上限，因為群是列數，故無限
制；而期間和數值欄位是設計階段確定的，所以期間數和數值欄位數是確定
的。因此，只有組數是隨著篩選條件而不同，無法事先確定其數目。統計表
格欄位數是期間數（若無則為1）、組數、數值欄位數相乘後再加1（群），
本書目前的設計是這個數字不能超過25。若不足，讀者可以自行擴增。

## 8.4 範例一：客戶和產品MtdYtd銷售數量金額（No-Code）

為了了解以無碼（No-Code）的方式開發應用如何設定程式參數，
請先執行「客戶和產品MtdYtd銷售數量金額」，從執行結果來探討程式
的設定。從程式命名可知，群欄位為客戶和產品，期間欄位為MTD（本
月至今天）和YTD（本年至今天），數值欄位為銷售數量和金額。輸入

RWD ERP4CDO之網址（211.75.139.35:8080/NeoEUD或你的公司、學校的網址），執行RWD ERP4CDO後出現登入畫面：

按「展示帳號Demo」鈕（或輸入你自己的IP，Tenant，UserName，Password），再按「登入Login」鈕即可登入系統，出現目錄樹：

SOA ERP MVP1 °登入者:R14在211.75.139.35:1199的007_CERPS_SOLOMO

SOA-ERP　說明　登出　　選單或故事　●上　左　●中　　E v: 8.6.0.1

買賣業進銷存的故事 ▼　　買賣業行動應用的故事 ▼　　買賣業財務會計的故事 ▼　　製造業的故事 ▼
製造業行動應用的故事 ▼　　服務業的故事 ▼　　異質系統整合的故事 ▼　　SOA-ERP筆記 ▼　　無關ERP的故事 ▼

在「選單或故事」打勾，即出現選單，點選「開發>Br>商務報告儀表板Coding」，再選擇「客戶和產品MtdYtd銷售數量金額」，即出現本程式之參數設定。如下：

## 8.4.1 程式代號和查詢服務設定

本程式呼叫「銷售訂單維護」（UC_DIS_SALESORDER）的「銷售訂單依合併查詢」（QRYSALESORDERBYMERGE），打開服務文件，複製貼上服務設定的格子中，如下：

| 匯出Excel | 檔名: EudBr_客戶和產品MtdYtd銷售數量金額之表格及KPI |
|---|---|
| 程式代號 | BrMtdYtdSoQtyAmtByCustomerAndItem |
| 程式名稱(不超過16個中文字) | 客戶和產品MtdYtd銷售數量金額 |
| 程式說明 | |
| 服務設定：　? | |
| 服務(UC,ServiceId,DataKey) | UC_DIS_SALESORDER,QRYSALESORDERBYMERGE,DATA |

## 8.4.2 儀表板表格版面設定

執行本程式後，首先出現表格如下：

| 離開 | 更新儀表板 | 看圖 | 篩選器ON | 查詢銷售訂單 | RESET | 客戶和產品MtdYtd銷售數量金額 |

BrMtdYtdSoQtyAmtByCustomerAndItem UC_DIS_SALESORDER QRYSALESORDERBYMERGE DATA

基準日期(ORDERDATE) 2020/8/31　　◉由大而小　○由小而大 依 [▼] 排序.

| 匯出Excel | 檔名 客戶和產品MtdYtd銷售數量金額_基準日期_20200831 | | | | | | |
|---|---|---|---|---|---|---|---|
| 期間 | | 200801~200831 | | 200101~200831 | | | |
| 客戶_產品 | | 數量 | 金額 | 數量 | 金額 | MTD均價 | YTD均價 |
| 小杉_波羅麵包 | | 2.00 | 100.00 | 3.00 | 150.00 | 50.00 | 50.00 |
| 小杉_美式咖啡 | | 1.00 | 50.00 | 1.00 | 50.00 | 50.00 | 50.00 |
| 靜香_冰淇淋 | | 1.00 | 40.00 | 1.00 | 40.00 | 40.00 | 40.00 |
| 靜香_美式咖啡 | | 1.00 | 50.00 | 1.00 | 50.00 | 50.00 | 50.00 |
| <<Total>> | | 5.00 | 240.00 | 6.00 | 290.00 | 48.00 | 48.33 |

本範例未設定組欄位。群欄位為客戶名稱和件號（產品）名稱，程式會在篩選器自動產生篩選元件。期間欄位為最小和最大訂單日期，期

間條件為MTD和YTD，數值欄位為數量和金額。篩選器有一個「基準日期」元件，例如選了2020/8/31，則自動產生的日期篩選條件為MTD條件 MINORDERDATE=20200801和MAXORDERDATE=20200831，以及YTD條件 MINORDERDATE=20200101和MAXORDERDATE=20200831，程式會以這兩組條件呼叫兩次服務。版面設定內容如下：

版面設定(自動產生群組篩選元件)：　[?]

群欄位(KEY1,KEY2,... |KEY1跳選值列或日期子字串範圍).跳選值可列舉(,)單一值或範圍(~).　　　　BILLTOCUSTOMERNAME, ITEMNAME

組欄位(標籤,KEY | KEY跳選值列.至多1個,不可和群欄位重複).跳選值可列舉(,)單一值或範圍(~).

期間欄位KEY(MIN,MAX共2個)搭配基準日期和期間條件取值(群欄位非日期欄位時).有組欄位時一要設期間欄位.　　　　MINORDERDATE,MAXORDERDATE

期間條件(nMB的n可改,可直接輸入m|A|n|B,m年前A月至n年前B月)　[∨] [X]　　　　MTD,YTD

數值欄位(輸出KEY列)(新程式使用)　　　　ORDERQUANTITY, SODETAILORDERAMOUNT

表格設定：　[?]

表格分群欄位(輸出KEY列,包含於群欄位)　　　　BILLTOCUSTOMERNAME, ITEMNAME

表頭文字(一個分群欄位|一或多個數值欄位|零或多個表格公式|零或多個全域公式)　　　　客戶_產品 | 數量, 金額 | | MTD均價, YTD均價

表格公式一(tableFormula0)　　　　MTD_SODETAILORDERAMOUNT / MTD_ORDERQUANTITY

表格公式二(tableFormula1)　　　　YTD_SODETAILORDERAMOUNT / YTD_ORDERQUANTITY

　　本範例設了2個公式，MTD均價和YTD均價。從「表頭文字」設定（客戶_產品 | 數量, 金額 | | MTD均價, YTD均價）可知它們是全域公式（在所有期間之右），而不是表格公式（在每一期間之下）。本模板規定期間欄位大於1時只能設全域公式，故所有設定的公式都會出現在所有期間之右。參

數設定中第2個｜之後爲表格公式，本例爲空白，第3個|之後爲全域公式，即本例之公式。

### 8.4.3 篩選器設定

打開篩選器，下條件後，會出現上一節的儀表板表格。篩選器畫面如下：

在版面設定中已設了兩個期間條件（MTD和YTD），程式會自動篩選，故篩選器上的日期條件不用再設。在版面設定中所設的群組欄位都會自動產生篩選元件，故也不必再設，如客戶條件和件號條件。本範例只有「狀態」必須設定。篩選器的參數設定如下：

篩選器設定： ?

日期條件列(標籤列 | KEY列 | 格式
列,無格式則預設為yyyy/MM/dd,至
多4個)

單選條件一(標籤,KEY|各選項值或
服務|預設選中項指標1~L|輸入
KEY=值列，值可為字串、[字串]、
loginXID、minDate或maxDate)

單選條件二(標籤,KEY|各選項值或
服務|預設選中項指標1~L|輸入
KEY=值列，值可為字串、[字串]、
loginXID、minDate或maxDate)

複選條件(標籤,各選項名|KEY,各選
項值|預設各選項值Y/N) | 狀態,開立,確認,結案,作廢|STATUS,00,10,90,X|N,Y,Y,N

# 8.4.4 圖形設定

圖形參數設定如下：

圖形設定： ?

| 圖序 | 名稱(chartTitle) | 圖形類別 | 值(valueKeys)可取部分欄位 | 值標籤(valueLabels) | 樣式 |
|---|---|---|---|---|---|
| 01 | MTD客戶產品銷售數量 | bhg | MTD_ORDERQUANTITY | MTD銷售數量 | 600, 200, b, 0, 15 |
| 02 | MTD客戶產品銷售金額 | bhg | MTD_SODETAILORDERAMOUNT | MTD銷售金額 | 600, 200, b, 0, 15 |
| 03 | YTD客戶產品銷售數量 | bhg | YTD_ORDERQUANTITY | YTD銷售數量 | 600, 200, b, 0, 15 |
| 04 | YTD客戶產品銷售金額 | bhg | YTD_SODETAILORDERAMOUNT | YTD銷售金額 | 600, 200, b, 0, 15 |

執行後獲得圖形如下：

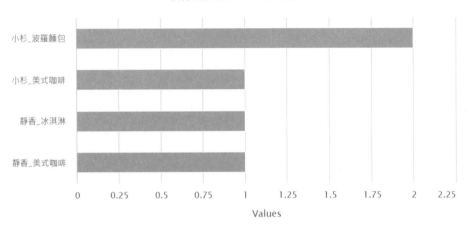

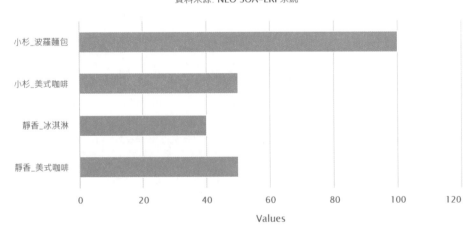

## 客戶_產品Ytd銷售數量

資料來源: NEO SOA-ERP系統

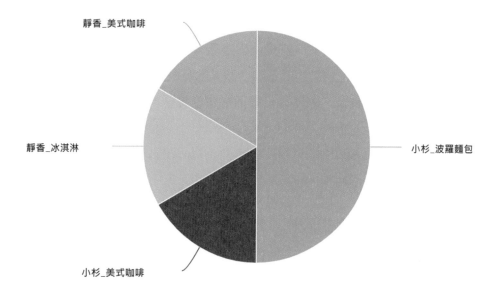

靜香_美式咖啡

靜香_冰淇淋

小杉_波羅麵包

小杉_美式咖啡

## 客戶_產品Ytd銷售金額

資料來源: NEO SOA-ERP系統

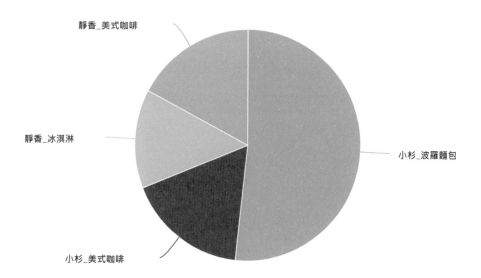

靜香_美式咖啡

靜香_冰淇淋

小杉_波羅麵包

小杉_美式咖啡

## 8.5 範例二：產品MtdYtd客戶銷售數量金額（No-Code）

本範例類似範例一，但多了一個維度，範例一無組欄位，本例的組欄位為客戶。從程式命名可知，群欄位為產品，期間欄位為MTD和YTD，組欄位為客戶，數值欄位為銷售數量和金額。本範例使用無碼（No-Code）環境開發，不需要寫程式，但本範例在前端實作抽象方法（可以改變「萬用程式」行為的方法），用不同的方法產生圖形。本範例View程式的名稱為BrMtdYtdCustSoQtyAmtByItemView.zul，ViewModel程式的名稱為BrMtdYtdCustSoQtyAmtByItemViewModel.java。

### 8.5.1 程式代號和查詢服務設定

| 匯出Excel | 檔名: EudBr_產品MtdYtd客戶銷售數量金額之表格及KPI |
|---|---|
| 程式代號 | BrMtdYtdCustSoQtyAmtByItem |
| 程式名稱(不超過16個中文字) | 產品MtdYtd客戶銷售數量金額 |
| 程式說明 | 在前端實作batchOp1()產生圖形，含YTD_各客戶銷售金額圓餅圖, YTD_各產品各客戶銷售金額長條圖,MTD_各客戶銷售金額圓餅圖, MTD_各產品各客戶銷售金額長條圖 |
| 服務設定：　? | |
| 服務(UC,ServiceId,DataKey) | UC_DIS_SALESORDER,QRYSALESORDERBYMERGE,DATA |

## 8.5.2 儀表板表格版面設定

執行本程式後，首先出現表格如下：

| 匯出Excel | 檔名: 產品MtdYtd客戶銷售數量金額_基準日期_20200831_006~007 | | | | | | | |
|---|---|---|---|---|---|---|---|---|
| 期間 | 200801~200831 | | | | 200101~200831 | | | |
| 客戶名稱 | 靜香 | | 小杉 | | 靜香 | | 小杉 | |
| 產品 | 數量 | 金額 | 數量 | 金額 | 數量 | 金額 | 數量 | 金額 |
| 0001_波羅麵包 | 0 | 0 | 2 | 100 | 0 | 0 | 3 | 150 |
| 0002_冰淇淋 | 1 | 40 | 0 | 0 | 1 | 40 | 0 | 0 |
| 0003_美式咖啡 | 1 | 50 | 1 | 50 | 1 | 50 | 1 | 50 |
| <<Total>> | 2 | 90 | 3 | 150 | 2 | 90 | 4 | 200 |

　　和範例一比較，本範例的內容都一樣，只是多了一個客戶的維度，可讀性較佳。版面設定內容如下：

版面設定(自動產生群組篩選元件)：　?

| 群欄位(KEY1,KEY2,... |KEY1跳選值列或日期子字串範圍 ).跳選值可列舉(,)單一值或範圍(~). | ITEMID, ITEMNAME |
|---|---|
| 組欄位(標籤,KEY | KEY跳選值列.至多1個,不可和群欄位重複).跳選值可列舉(,)單一值或範圍(~). | 客戶名稱,BILLTOCUSTOMERNAME |
| 期間欄位KEY(MIN,MAX共2個)搭配基準日期和期間條件取值(群欄位非日期欄位時).有組欄位時一要設期間欄位. | MINORDERDATE,MAXORDERDATE |
| 期間條件(nMB的n可改,可直接輸入m|A|n|B,m年前A月至n年前B月) | MTD,YTD |

⌄　X

| 數值欄位(輸出KEY列)(新程式使用) | ORDERQUANTITY, SODETAILORDERAMOUNT |
| --- | --- |

表格設定：　?

| 表格分群欄位(輸出KEY列,包含於群欄位) | ITEMID, ITEMNAME |
| --- | --- |
| 表頭文字(一個分群欄位\|一或多個數值欄位\|零或多個表格公式\|零或多個全域公式) | 產品 \| 數量,金額 |
| 表頭寬度比例(逐欄設定,若為表格公式則設分群欄、各組或期間的數值欄和表格公式欄、列合計數值欄之寬度；若為全域公式(無組)則設分群欄、各期間的數值欄、全域公式欄之寬度) | 20, 10,10,10,10 |

## 8.5.3 圖形程式

　　RWD ERP4CDO的萬用程式，使用的圖形工具是Google Chart，使用者只要在View和ViewModel實作程式，也可以使用其他的圖形工具。本範例採用圖形工具High Chart，執行結果如下：

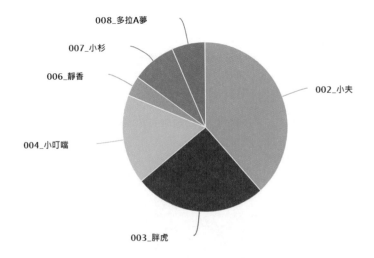

YTD各客戶銷售金額

資料來源: NEO SOA-ERP系統

008_多拉A夢
007_小杉
006_靜香
002_小夫
004_小叮噹
003_胖虎

## YTD各產品各客戶銷售金額

資料來源: NEO SOA-ERP系統

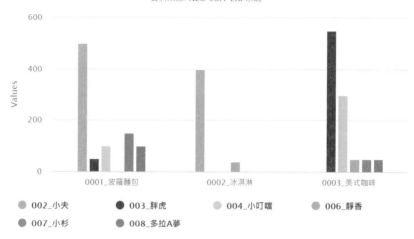

- 002_小夫
- 003_胖虎
- 004_小叮噹
- 006_靜香
- 007_小杉
- 008_多拉A夢

MTD各客戶銷售金額 20200801-20200831
資料來源: NEO SOA-ERP系統

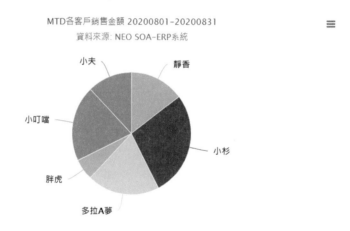

MTD各產品各客戶銷售金額 20200801-20200831
資料來源: NEO SOA-ERP系統

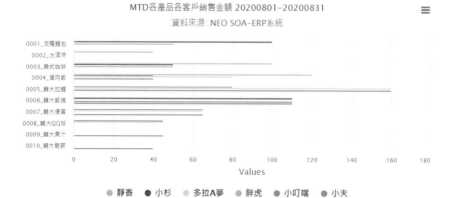

- 靜香
- 小杉
- 多拉A夢
- 胖虎
- 小叮噹
- 小夫

詳細之圖形程式，有興趣的讀者可參閱附錄B。

## 8.6　財務儀表板服務文件：傳票總帳月計查詢

　　ERP4CDO資料整合分析平臺由一萬多個SOA-ERP服務元件構成，每個元件就像一塊積木，可以組裝在響應式網頁應用中。開發RWD ERP4CDO程式時，必須了解服務元件有什麼輸入和輸出，也就是你可以輸入什麼資料給服務，服務會回傳什麼資料給你，而這些都寫在「服務文件」中。

　　高階主管關心的重點議題除了銷售之外，莫過於財務。RWD ERP4CDO的財務儀表板和其他儀表板不同，特徵是財務儀表板都是呼叫同一個服務元件 —— 傳票總帳月計查詢。圖8-2是「傳票總帳月計查詢」（QRYJOGLMONTHLYCALCULATE）服務的文件，這個服務屬於服務元件類別（即使用案例，USE CASE，代號以UC_開頭）「傳票維護」（UC_ACT_JOURNAL）。輸入條件（PARAMETER）包括營運主體和作帳日期範圍。輸出回傳資料（RETURN）包括營運主體、作帳年月、科目代號和本期記帳餘額。服務會回傳發生在指定的記帳日期範圍內的多筆總帳餘額資料，放在名為DATA的資料群中。

　　財務儀表板的群欄位（groupKey）必然是「作帳年月」，因此沒有期間欄位；組欄位可自定，通常是營運主體（公司）或營運點（工廠或銷售據點）；數值欄位則為「財務項目」。財務儀表板的另一個特徵，是不能直接使用「傳票總帳月計查詢」的回傳資料，必須經過「查詢會計報表」的處理，統計出各個「財務項目」之值。財務項目是使用者自定的，一個財務項目包含多個會計科目。因為「傳票總帳月計查詢」服務的回傳欄位財務儀表板，只用到會計科目和本期記帳餘額（CPERIODENTRYBALANCEAMOUNT），也就是每一個會計科目的本期記帳餘額，無法區分哪些會計科目是屬於哪一個財務項目（銷貨收入、銷貨成本、費用等），故先要在SOA-ERP系統上維護「會計報表」。本書建立一個代號為ISFinItemCodes的會計報表，和損益科目有關，包含三個財務項目碼（finItemCode），代號為Revenue, CostOfSales和Expense，分別設定它們

## QRYJOGLMONTHLYCALCULATE

`public static final java.lang.String QRYJOGLMONTHLYCALCULATE`

傳票總帳月計查詢.

功能說明：

查詢結果請依《營運點》+《作帳年月》+《科目》由小到大排序

PARAMETER：

| KEY | 名稱 | 型態 | 必傳 | 說明 |
|---|---|---|---|---|
| MAXENTITYID | 營運主體代號最大值 | STRING | | |
| MINENTITYID | 營運主體代號最小值 | STRING | | |
| MAXSITEID | 營運點代號最大值 | STRING | | |
| MINSITEID | 營運點代號最小值 | STRING | | |
| MAXJOURNALIZEDATE | 作帳日期最大值 | STRING | | 資料說明：<br>※格式為YYYYMMDD |
| MINJOURNALIZEDATE | 作帳日期最小值 | STRING | | 資料說明：<br>※格式為YYYYMMDD |
| MAXACCOUNTID | 科目代號最大值 | STRING | | |
| MINACCOUNTID | 科目代號最小值 | STRING | | |

RETURN：

| KEY | 名稱 | 型態 | 必傳 | 說明 |
|---|---|---|---|---|
| RETURNVALUE | 回傳值 | STRING | V | Constant：<br>※參考 LCConstant.java |
| RETURNMSG | 回傳訊息 | STRING | V | |
| DATA | 資料群 | LIST OF HASHMAP | | |
| | ENTITYID | 營運主體代號 | STRING | |
| | ENTITYNAME | 營運主體名稱 | STRING | |
| | SITEID | 營運點代號 | STRING | |
| | SITENAME | 營運點名稱 | STRING | |
| | JOURNALIZEYEARMONTH | 作帳年月 | STRING | 資料說明：<br>※格式為YYYYMM |
| | ACCOUNTID | 科目代號 | STRING | |
| | ACCOUNTNAME | 科目名稱 | STRING | |
| | CPERIODENTRYBALANCEAMOUNT | 本期記帳餘額 | DECIMAL | 資料說明：<br>※格式為 參考 服務系統邏輯 之尾數取捨邏輯說明文件 |

圖8-2　服務文件──傳票總帳月計查詢

的起、迄會計科目代號。會計報表維護的程式也是用「RWD ERP4CDO開發工具」做的，如圖8-3：

圖8-3　ISFinItemCodes會計報表

另一個常用到的會計報表和資產負債科目有關，代號為BSFinItem Codes，包含二個財務項目碼（finItemCode），分別為AcctReceivable和Inventory，如圖8-4：

圖8-4　BSFinItemCodes會計報表

## 8.7 範例三：多公司財務儀表板 —— 銷售利潤分析 （No-Code）

### 8.7.1 查詢服務設定

財務分析儀表板的資料來自傳票總帳月計，即每月會計結帳後的各總帳會計科目的餘額統計，故查詢服務設定為：

| | |
|---|---|
| 程式代號 | BrEntitySalesProfit |
| 程式名稱(不超過16個中文字) | 營運主體銷售毛利淨利分析儀表板 |
| 程式說明 | |
| 服務設定： ? | |
| 服務(UC,ServiceId,DataKey) | UC_ACT_JOURNAL, QRYJOGLMONTHLYCALCULATE, DATA |

### 8.7.2 儀表板表格設定

因為「傳票總帳月計查詢」服務（UC_ACT_JOURNAL. QRYJOGL MONTHLYCALCULATE）的回傳欄位只用到會計科目和本期記帳餘額，故先要在SOA-ERP系統建立會計報表及定義財務項目（Fin Item）。本範例建立一個代號為ISFinItemCodes的會計報表，包含三個財務項目碼（finItemCode），代號為Revenue, CostOfSales和Expense，分別設定它們的起、迄會計科目代號。會計報表維護的程式也是用「RWD ERP4CDO開發工具」做的，如圖8-3。儀表板表格的群欄位（左表頭）為「記帳年月」（JOURNALIZEYEARMONTH），組欄位（上表頭）為營運主體（ENTITYID，即公司代號），數值欄位為「財務項目」，設定如下：

版面設定(自動產生群組篩選元件)：　

群欄位(KEY1,KEY2,... |KEY1跳選
值列或日期子字串範圍).跳選值可
列舉(,)單一值或範圍(~).

> JOURNALIZEYEARMONTH | 0,6

組欄位(標籤,KEY | KEY跳選值列.
至多1個,不可和群欄位重複).跳選值
可列舉(,)單一值或範圍(~).

> 營運主體,ENTITYID | R14,WY

期間條件(nMB的n可改,可直接輸入
m|A|n|B,m年前A月至n年前B月)

> YTD

數值欄位(輸出KEY列)

> Revenue, CostOfSales, Expense

群欄位為日期欄位時之日期篩選條
件(min標籤, max標籤 , minKEY,
maxKEY, 格式. 無格式則預設為
yyyy/MM/dd)

> 從記帳年月, 至記帳年月, MINJOURNALIZEYEARMONTH,
> MAXJOURNALIZEYEARMONTH, yyyy/MM

## 8.7.3 表格公式設定

本範例分析毛利和淨利，故須設定表格公式，如下：

表格設定：　?

表格分群欄位(輸出KEY列,包含於
群欄位)

> JOURNALIZEYEARMONTH

表頭文字(一個分群欄位|一或多個
數值欄位|零或多個表格公式|零或
多個全域公式)

> 記帳年月 | 營業收入, 銷貨成本, 營業費用 | | 總營業收入, 總銷貨
> 成本, 總營業費用, 總毛利, 總淨利

表格公式一(tableFormula0)

> TimeSeries_R14_Revenue+TimeSeries_WY_Revenue

表格公式二(tableFormula1)

> TimeSeries_R14_CostOfSales+TimeSeries_WY_CostOfSales

表格公式三(tableFormula2)

> TimeSeries_R14_Expense+TimeSeries_WY_Expense

表格公式四(tableFormula3)

> TimeSeries_R14_Revenue+TimeSeries_WY_Revenue-
> (TimeSeries_R14_CostOfSales+TimeSeries_WY_CostOfSales)

表格公式五(tableFormula4)

> TimeSeries_R14_Revenue+TimeSeries_WY_Revenue-
> (TimeSeries_R14_CostOfSales+TimeSeries_WY_CostOfSales)-
> (TimeSeries_R14_Expense+TimeSeries_WY_Expense)

　　本範例設定五個表格公式，是屬於「全域公式」，也就是出現在整個表格的右方，而不是出現在每個營運主體的下方。

## 8.7.4 測試程式

　　執行結果如下圖：

| 匯出Excel 檔名: 營運主體銷售毛利淨利分析儀表板_從20200101至20200823_R14,WY | | | | | | | | | | |
|---|---|---|---|---|---|---|---|---|---|---|
| 營運主體 | 裕仁國際 | | | 萬陽貿易 | | | | | | |
| 記帳年月 | 營業收入 | 銷貨成本 | 營業費用 | 營業收入 | 銷貨成本 | 營業費用 | 總營業收入 | 總銷貨成本 | 總營業費用 | 總毛利 | 總淨利 |
| 202001 | 0 | 0 | 0 | 0 | 0 | 185 | 0 | 0 | 185 | 0 | -185 |
| 202002 | 127,970 | 5,086 | 20 | 3,778,299 | 17,367 | 4,176,166 | 3,906,269 | 22,453 | 4,176,186 | 3,883,816 | -292,370 |
| 202003 | 0 | 0 | 0 | 19,048 | 762 | 20 | 19,048 | 762 | 20 | 18,286 | 18,266 |
| 202006 | 100 | 0 | 0 | 0 | 10,000 | 0 | 100 | 10,000 | 0 | -9,900 | -9,900 |
| 202007 | 17,575 | 6,266 | 0 | 0 | 0 | 0 | 17,575 | 6,266 | 0 | 11,309 | 11,309 |
| 202008 | 638,895 | 1,334 | 5,010 | 0 | 0 | 0 | 638,895 | 1,334 | 5,010 | 637,561 | 632,551 |
| <<Total>> | 784,540 | 12,685 | 5,030 | 3,797,347 | 28,129 | 4,176,371 | 4,581,887 | 40,814 | 4,181,401 | 4,541,073 | 359,672 |

## 8.7.5 KPI公式設定

　　本範例共設定七個KPI公式，如下：

| KPI設定：　? | |
|---|---|
| KPI文字(數目同KPI公式) | 總營業收入,總銷貨成本,總毛利,總毛利率%,總營業費用,總淨利,總淨利率% |
| KPI公式一(kpiFormula0) | sum(TimeSeries_ENTITYID_Revenue) |
| KPI公式二(kpiFormula1) | sum(TimeSeries_ENTITYID_CostOfSales) |
| KPI公式三(kpiFormula2) | sum(TimeSeries_ENTITYID_Revenue) - sum(TimeSeries_ENTITYID_CostOfSales) |
| KPI公式四(kpiFormula3) | (sum(TimeSeries_ENTITYID_Revenue) - sum(TimeSeries_ENTITYID_CostOfSales)) / sum(TimeSeries_ENTITYID_Revenue) * 100 |
| KPI公式五(kpiFormula4) | sum(TimeSeries_ENTITYID_Expense) |

| KPI公式六(kpiFormula5) | sum(TimeSeries_ENTITYID_Revenue) -<br>sum(TimeSeries_ENTITYID_CostOfSales) -<br>sum(TimeSeries_ENTITYID_Expense) |
|---|---|
| KPI公式七(kpiFormula6) | (sum(TimeSeries_ENTITYID_Revenue) -<br>sum(TimeSeries_ENTITYID_CostOfSales) -<br>sum(TimeSeries_ENTITYID_Expense)) /<br>sum(TimeSeries_ENTITYID_Revenue) * 100 |

KPI執行結果如下圖：

| KPI項目 | KPI值 | KPI項目 | KPI值 |
|---|---|---|---|
| 總營業收入 | 4,581,887.00 | 總銷貨成本 | 40,814.00 |
| 總毛利 | 4,541,073.00 | 總毛利率% | 99.11 |
| 總營業費用 | 4,181,401.00 | 總淨利 | 359,672.00 |
| 總淨利率% | 7.85 | | |

# 8.7.6 儀表板圖形設定

| 圖序 | 名稱(chartTitle) | 圖形類別 | 值(valueKeys)可取部分欄位 | 值標籤(valueLabels) | 樣式 |
|---|---|---|---|---|---|
| 01 | 各年月營收線圖 | lc | Revenue | 營業收入 | 800, 300, b, 0, 30 |
| 02 | 各年月營收/成本/費用長條圖 | bhg | Revenue,<br>CostOfSales,<br>Expense | 營收, 成本, 費用 | 800, 300, b, 0, 30 |
| 03 | 總毛利率 | gom | kpiFormula3 | % | 800, 300, b, 0, 30 |
| 04 | 總淨利率 | gom | kpiFormula6 | % | 800, 300, b, 0, 30 |

本範例設定四個圖形。第一個圖形執行結果如下：

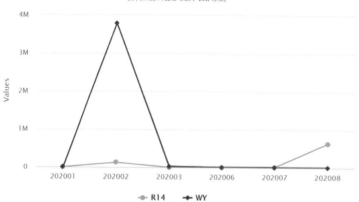

第二個圖形執行結果如下：

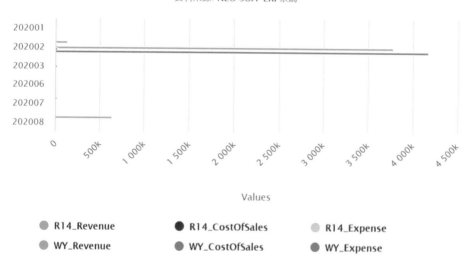

第三個和第四個圖形執行結果如下：

總毛利率

資料來源: NEO SOA-ERP系統

總淨利率

資料來源: NEO SOA-ERP系統

## 8.8 範例四：多公司財務儀表板 —— 經營能力分析（No-Code）

### 8.8.1 查詢服務設定

與上一個範例相同，財務分析儀表板的資料來自傳票總帳月計，即每月會計結帳後的各總帳會計科目的餘額統計，故查詢服務設定為：

| | |
|---|---|
| 程式代號 | BrEntityOpCapability |
| 程式名稱(不超過16個中文字) | 營運主體經營能力分析儀表板 |
| 程式說明 | 應收帳款若佔營收太多表示收款不力資金週轉有問題；存貨若佔銷貨成本太多表示庫存太高管理有問題，這二個指標可衡量經營者的能力。本程式有在前端實作抽象方法，故在此只能測試UI的格式，資料的測試必須從menu啟動本程式。 |
| 服務設定： ? | |
| 服務(UC,ServiceId,DataKey) | UC_ACT_JOURNAL, QRYJOGLMONTHLYCALCULATE, DATA |

## 8.8.2 儀表板表格設定

　　爲了求出財務項目的金額，財務儀表板除了呼叫「傳票總帳月計查詢」服務外，還須再呼叫「會計報表科目資料明細檔查詢」服務（UC_ACT_ACCOUNTINGREPORT. QRYACCOUNTINGREPORTACCOUNTBYSYSID），求出各財務項目的起、迄會計科目，再統計出各財務項目的餘額。本範例使用到二個會計報表，第1個爲損益相關會計報表，代號爲ISFinItemCodes，包含3個財務項目碼（finItemCode），分別爲Revenue, CostOfSales和Expense，請參考圖8-3。第2個爲資產負債相關會計報表，代號爲BSFinItemCodes，包含2個財務項目碼，分別爲AcctReceivable和Inventory，請參考圖8-4。

　　儀表板表格的群欄位（左表頭）爲「記帳年月」（JOURNALIZEYEARMONTH），組欄位（上表頭）爲營運主體（ENTITYID，即公司代號），數值欄位爲「財務項目」，設定如下：

| 版面設定(自動產生群組篩選元件)： | ? |
| --- | --- |

| 群欄位(KEY1,KEY2,... \|KEY1跳選值列或日期子字串範圍).跳選值可列舉(,)單一值或範圍(~). | JOURNALIZEYEARMONTH \| 0,6 |
| --- | --- |
| 組欄位(標籤,KEY \| KEY跳選值列. 至多1個,不可和群欄位重複).跳選值可列舉(,)單一值或範圍(~). | 營運主體,ENTITYID \| R14,WY |
| 期間條件(nMB的n可改,可直接輸入 m\|A\|n\|B,m年前A月至n年前B月)　[∨] [X] | YTD |
| 數值欄位(輸出KEY列) | Revenue, AcctReceivable, CostOfSales, Inventory |
| 群欄位為日期欄位時之日期篩選條件(min標籤, max標籤 , minKEY, maxKEY, 格式. 無格式則預設為 yyyy/MM/dd) | 從記帳年月, 至記帳年月, MINJOURNALIZEYEARMONTH, MAXJOURNALIZEYEARMONTH, yyyy/MM |

## 8.8.3 測試程式

儀表板表格之執行結果如下圖，表格右方尚有總銷貨成本和總存貨欄位，故下方出現水平的滾動條（Scroll Bar）：

| 營運主體 | 輔仁國際 | | | | 萬陽貿易 | | | | | |
|---|---|---|---|---|---|---|---|---|---|---|
| 記帳年月 | 營業額 | 應收帳款 | 銷貨成本 | 存貨 | 營業額 | 應收帳款 | 銷貨成本 | 存貨 | 總營業額 | 總應收帳款 |
| 202001 | 0 | 0 | 0 | 0 | 0 | -1,050 | 0 | 0 | 0 | -1,050 |
| 202002 | 127,970 | 134,270 | 5,086 | 0 | 3,778,299 | 3,541,883 | 17,367 | 0 | 3,906,269 | 3,676,153 |
| 202003 | 0 | 0 | 0 | 0 | 19,048 | 0 | 762 | 0 | 19,048 | 0 |
| 202006 | 100 | 105 | 0 | 72 | 0 | 0 | 10,000 | 0 | 100 | 105 |
| 202007 | 17,575 | 18,458 | 6,266 | 164,256 | 0 | 0 | 0 | 0 | 17,575 | 18,458 |
| 202008 | 638,895 | 670,843 | 1,334 | -1,334 | 0 | 0 | 0 | 0 | 638,895 | 670,843 |
| <<Total>> | 784,540 | 823,676 | 12,685 | 162,994 | 3,797,347 | 3,540,833 | 28,129 | 0 | 4,581,887 | 4,364,509 |

## 8.8.4 KPI公式設定

本範例的KPI公式設如下：

KPI設定： ?

| | |
|---|---|
| KPI文字(數目同KPI公式) | 平均應收帳款, 總營收, 期間AR週轉次數, 年AR週轉次數, AR週轉天數, AR佔營收百分比, 平均存貨, 總銷貨成本, 期間存貨週轉次數, 年存貨週轉次數, 存貨週轉天數, 存貨佔銷貨成本百分比 |
| KPI公式一(kpiFormula0) | sum(TimeSeries_ENTITYID_AcctReceivable)/count |
| KPI公式二(kpiFormula1) | sum(TimeSeries_ENTITYID_Revenue) |
| KPI公式三(kpiFormula2) | sum(TimeSeries_ENTITYID_Revenue) / sum(TimeSeries_ENTITYID_AcctReceivable) *count |
| KPI公式四(kpiFormula3) | sum(TimeSeries_ENTITYID_Revenue) / sum(TimeSeries_ENTITYID_AcctReceivable) * count * (12/count) |
| KPI公式五(kpiFormula4) | 365 / (sum(TimeSeries_ENTITYID_Revenue) / sum(TimeSeries_ENTITYID_AcctReceivable) * count * (12/count) ) |
| KPI公式六(kpiFormula5) | sum(TimeSeries_ENTITYID_AcctReceivable) / count / (sum(TimeSeries_ENTITYID_Revenue) * (12/count )) *100 |

| KPI公式七(kpiFormula6) | sum(TimeSeries_ENTITYID_Inventory)/count |
|---|---|
| KPI公式八(kpiFormula7) | sum(TimeSeries_ENTITYID_CostOfSales) |
| KPI公式九(kpiFormula8) | sum(TimeSeries_ENTITYID_CostOfSales) / sum(TimeSeries_ENTITYID_Inventory) *count |
| KPI公式十(kpiFormula9) | sum(TimeSeries_ENTITYID_CostOfSales) / sum(TimeSeries_ENTITYID_Inventory) * count * (12/count) |
| KPI公式十一(kpiFormula10) | 365 / (sum(TimeSeries_ENTITYID_CostOfSales) / sum(TimeSeries_ENTITYID_Inventory) * count * (12/count)) |
| KPI公式十二(kpiFormula11) | sum(TimeSeries_ENTITYID_Inventory) / count / (sum(TimeSeries_ENTITYID_CostOfSales) * (12/count )) *100 |

因為是以「作帳年月」為群，所以沒有期間欄位，RWD ERP4CDO自動設一期間欄為TimeSeries。變數除了TimeSeries外還有ENTITYID和財務項目ID，sum()會讓系統自動累加所有「TimeSeries_ENTITYID_財務項目」之值，count是統計表的資料數。

KPI執行結果如下圖：

| 平均應收帳款 | 727,418.17 | 總營收 | 4,581,887.00 |
|---|---|---|---|
| 期間AR週轉次數 | 6.30 | 年AR週轉次數 | 12.60 |
| AR週轉天數 | 28.97 | AR佔營收百分比 | 7.94 |
| 平均存貨 | 27,165.69 | 總銷貨成本 | 40,814.00 |
| 期間存貨週轉次數 | 1.50 | 年存貨週轉次數 | 3.00 |
| 存貨週轉天數 | 121.47 | 存貨佔銷貨成本百分比 | 33.28 |

## 8.8.5 儀表板圖形設定

本範例設定四個圖形：

圖形設定：　?

| 圖序 | 名稱(chartTitle) | 圖形類別 | 值(valueKeys)可取部分欄位 | 值標籤(valueLabels) | 樣式 |
|------|------------------|----------|-------------------------|--------------------|------|
| 01 | 各年月營收線圖 | lc | Revenue | 營業收入 | 800, 300, b, 0, 30 |
| 02 | 各年月營收/應收/存貨長條圖 | bhg | Revenue, AcctReceivable, Inventory | 營收, 應收, 存貨 | 800, 300, b, 0, 30 |
| 03 | 平均應收佔年營收百分比 | gom | kpiFormula5 | % | 800, 300, b, 0, 30 |
| 04 | 平均存貨佔年銷貨成本百分比 | gom | kpiFormula11 | % | 800, 300, b, 0, 30 |

第一個圖形執行結果如下：

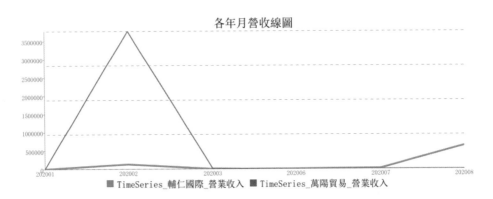

第二個圖形執行結果如下：

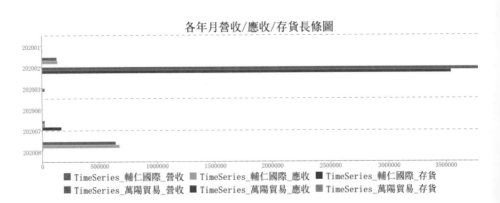

第三和第四個圖形執行結果如下：

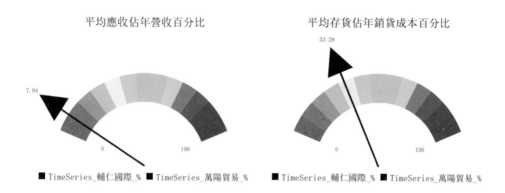

平均應收佔年營收百分比

■ TimeSeries_輔仁國際_%　■ TimeSeries_萬陽貿易_%

平均存貨佔年銷貨成本百分比

■ TimeSeries_輔仁國際_%　■ TimeSeries_萬陽貿易_%

## 8.9 整合外部資料 —— 政府開放資料

高階主管需要的資訊除了內部ERP系統資料以外，也包括外部資料，故蒐集外部資料也是數據長的職責之一。臺灣的「政府資料開放平臺」（http://data.gov.tw）已連續數年被全球開放資料指標（Global Open Data Index）評比爲全世界第一（http://global.survey.okfn.org/）。本章將介紹ERP4CDO整合臺灣政府開放資料的範例，可用的開放資料包括：證交所的「上市公司營益分析查詢彙總表」，其內容爲出表日期、年度、季別、公司代號、公司名稱、營業收入（百萬元）、毛利率（％）（營業毛利）/（營業收入）、營業利益率（％）（營業利益）/（營業收入）、稅前純益率（％）（稅前純益）/（營業收入）、稅後純益率（％）（稅後純益）/（營業收入）。另一個可用的開放資料爲經濟部的「電腦及資訊服務業、專業技術服務業、租賃業之營業額統計」，其內容爲統計項目、行業代碼、行業別、資料期、統計值、計量單位。

## 8.10 範例五：營運主體銷售毛利淨利與同業比較（Low-Code）

高階主管除了了解企業本身的績效外，也必須和同業的標竿企業作比較（Benchmarking），努力追上標竿企業。本範例使用的開放資料爲「上市公司營益分析查詢彙總表」。

本範例的程式代號爲AnalyzeEntitySalesProfit。

### 8.10.1 統計表

在篩選器的「營運主體ENTITYID列（以,分隔）」欄輸入個案公司的營運主體代號（LC-Actual），本程式可以輸入多公司（營運主體），但本範例只有一個公司，再輸入「比較對象（競爭者）列（以,分隔）」，其代號爲證交所上市公司的公司代號，並在起、迄「作帳年月」欄輸入201901和201912。按「查詢」：

出現統計畫面如下表，因爲該公司只有一個營運主體，故表格右方並未出現各營運主體的加總：

| 作帳年月 | 營業收入 | 營業成本 | 營業費用 |
|---|---|---|---|
| 201901 | 1,181,178 | 194,814 | 843,024 |
| 201902 | 874,699 | 217,539 | 647,440 |
| 201903 | 554,928 | 184,698 | 636,437 |
| 201904 | 1,262,792 | 628,002 | 640,936 |
| 201905 | 1,125,322 | 193,605 | 724,940 |
| 201906 | 138,924 | 282,500 | 599,364 |
| 201907 | 589,409 | 147,673 | 623,745 |
| 201908 | 1,016,372 | 349,133 | 654,832 |
| 201909 | 4,129,615 | 187,291 | 638,936 |
| 201910 | 3,109,575 | 154,539 | 620,032 |
| 201911 | 4,880,175 | 894,261 | 632,083 |
| 201912 | 3,549,661 | 913,257 | 621,977 |
| Sum/Avg | 22,412,650 | 4,347,312 | 7,883,746 |

## 8.10.2 KPI

從統計表計算出來的KPI如下表：

| KPI | LC-Actual |
|---|---|
| 總營業收入 | 22,412,650 |
| 總營業成本 | 4,347,312 |
| 總營業費用 | 7,883,746 |
| 總毛利 | 18,065,338 |
| 總淨利 | 10,181,592 |

因為該公司只有一個營運主體，故表格右方並未出現各營運主體的加總欄Total。

### 8.10.3 營收／成本／毛利／淨利圖

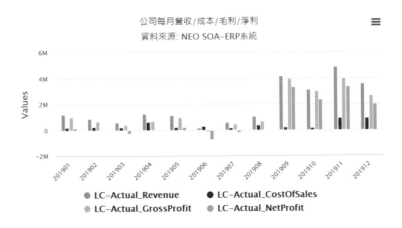

### 8.10.4 毛利率、淨利率圖

## 8.10.5 同業比較

政府開放資料: 109Q1 內部財務資料: 201901 ~ 201912

| 獲利能力 | 本公司 | 資通 | 精誠 |
|---|---|---|---|
| 營業收入(千元) | 22,412.65 | 187,800.00 | 5,758,360.00 |
| 毛利率(%) | 80.60 | 30.82 | 23.05 |
| 淨利率(%) | 45.43 | 3.10 | 1.86 |

　　SOA-ERP本身就是1萬多個網路服務，而「上市公司營益分析查詢彙總表」也是網路服務，RWD ERP4CDO分別呼叫內外部服務取得JSON串列，合併成資料列（DataList）再統計成統計列（StatList），即可做出上述比較表。本範顯示個案公司（寶盛數位科技股份有限公司）的毛利率和淨利率均顯著高於標竿企業，但營業收入則低很多，個案公司應思考的是如何提高營業額，適度的降低價格應是可行的策略。

## 8.11 範例六：歷年營收與業界比較（Low-Code）

　　高階主管都很關心公司的市場占有率有沒有逐年提高，因此必須和行業的總營業額作比較。本範例使用的開放資料為經濟部的「電腦及資訊服務業、專業技術服務業、租賃業之營業額統計」，並篩選出「資訊服務業」。

　　本範例的程式代號為AnalyzeYearlyRevenue。

### 8.11.1 統計表

　　在篩選器輸入起、迄作帳年月，選擇行業別「電腦及資訊服務業」，如下：

篩選器

篩選器OFF

| 從作帳年月 | 201501 | 📅 |
| 至作帳年月 | 201912 | 📅 |
| 行業別 | 電腦及資訊服務業 | ⌄ |
| 開放資料金額單位 | 千元 | ⌄ |

30 筆/頁　查詢　清除

按「查詢」出現統計表：

匯出Excel　　檔名: AnalyzeYearlyRevenue

| 年度 | 公司營業額(元) | 業界營業額(千元) | 市佔率(千之一) |
|------|----------------|------------------|----------------|
| 2015 | 11,433,012.00 | 300,669,603.00 | 0.0380 |
| 2016 | 8,150,614.00 | 315,650,315.00 | 0.0258 |
| 2017 | 11,305,910.00 | 332,277,225.00 | 0.0340 |
| 2018 | 13,186,570.00 | 346,702,505.00 | 0.0380 |
| 2019 | 22,412,650.00 | 380,368,544.00 | 0.0589 |

## 8.11.2 公司年營收與業界比較圖

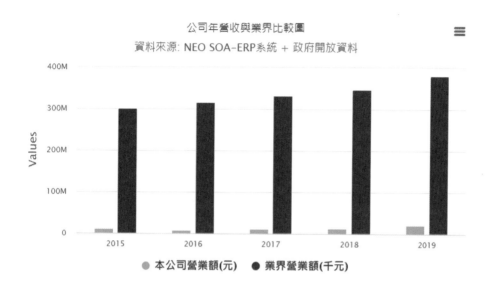

## 8.11.3 公司年營收毛利淨利圖

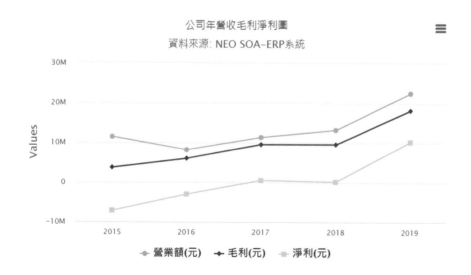

## 8.11.4 年市占率圖

由上圖可知，個案公司的市占率有上升的趨勢。

## 8.12 結論

　　數據長（CDO）的響應式網頁應用開發工具RWD ERP4CDO結合前端程式框架和SOA-ERP服務元件。只要找到正確的服務元件，接下來的工作就只是複製SOA-ERP的服務文件（LCServiceDoc，即API）貼上RWD ERP4CDO的「萬用介面」參數設定表，或在ViewModel程式直接設定參數。所以，只要會閱讀SOA-ERP的服務文件，任何人都可以開發RWD應用。本章列舉了六個範例，前四個範例利用「萬用介面」設定參數或在ViewModel程式設定參數，是不需要寫程式的「無碼」（No-Code）開發方式。這四個範例也可以把程式參數直接設在ViewModel程式中，效能較佳，重點是程式可以在任何一臺ERP4CDO執行，不必事先建立「萬用介面」。後二個範例除了ERP資料，還使用了政府開放資料，需要寫少量程式，屬「低碼」（Low-Code）開發方式，C-Suite高階主管或其祕書、助理有任何數據分析

的需求，只要找到服務元件和類似的程式範例，修改其中的設定即可自行開發程式。「低碼」開發方式的目的是爲了更自由的開發，以改善使用者經驗（User Experience, UX），因爲開發的速度很快，所以可以做到ERP系統的低成本「大量客製化」，讓任何企業都能轉型爲數據驅動型組織（Data-Driven Organization）。

# 第九章

# 數據長與變革管理[1]

"It is not the strongest of the species
that survive, or the most intelligent,
but the one most responsive to change."
-Charles Darwin

　　在本書的前六章，我們討論了組織建立數據長（CDO）辦公室的基礎與準則，也探索了資料政策與策略、資料治理、資料品質問題常見的模式、以及數據長的立方體框架。為了落實這些觀念，本書第七章和第八章提出了可低成本快速大量客製化的工具，不但可整合組織內部各種不同的系統，也能整合外部政府開放資料（Open Data）並與同業標竿比較（Benchmarking），協助組織迅速找到問題與機會。數據長為組織導入這些觀念和實作工具，無疑是一種組織變革的歷程，是數據長的一大挑戰。本章討論變革管理，包括可衡量的各種指標、問題定義、願景目標策略的形成及溝通宣導。本章期望能透過數據長讓組織變成勇於創新和主動學習的有機體。組織導入新科技往往是漫長而痛苦的過程，利用本書提出的工具可讓組織成員在變革初期即感受到資料驅動的好處，進而全力相挺組織變革的專案。

---

[1] 本章部分內容主要摘自鄭伯壎（2019）：《組織創新五十年：臺灣飛利浦的跨世紀轉型》，臺北：五南。有些資料則參考以下文獻：Tushman, M. L., & O'Reilly, C. A. (2002). *Winning through innovation: A practical guide to leading organizational change and renewal*. Boston, MA: Harvard Business School Press; Bean, R. (2020) Why culture is the greatest barrier to data success. *MIT Sloan Management Review*, September 30.

## 9.1　組織轉型與變革管理

處於瞬息萬變的組織營運環境中，組織必須與時俱進、隨時改變，否則將很難避開失敗的陷阱。這就是「成功魔咒」所揭示的道理：即使組織能夠引領風騷於一時，可是一旦陶醉於成功的輝煌，就很容易導致作風變得保守，傾向逃避風險，而被變動的時代所淘汰。這種例子比比皆是，最典型的莫過於柯達公司，數位相機是柯達發明的，可是因為公司當局沉迷於既有之膠片相機市場，革新力道有限，而導致形勢丕變，未能在新市場出人頭地。

當然成功也不一定意味著日漸凋零，但真正優秀的組織其實是很會掌握現在，眺望未來。面對數位經濟的興起，當前許許多多的組織都加大、加快資料驅動（Data-Driven）的管理進程，將資料視為一種新興的資源，進行組織變革。根據統計（Bean，2020），截至目前為止，已有不少組織進行數位轉型。例如，98.8%投資數據計畫（Data Initiatives）、50.0%將管理資料視為資產、45.1%根據資料與分析來進行營運與競爭，以及37.8%建立了資料驅動單位。換言之，堅持基業長青的永續組織，會運用各種資料，隨時評估各種機會與威脅，理解本身的長處與短處、優勢與弱勢，隨時進行必要之組織轉型，甚至超前部署，透過劍及履及之變革管理而領先群雄。

其中，作為轉型要角之一的CDO及其領導的部門，不但需要隨時提供必要、準確及可靠的數據來進行決策，也需要評估期望目標與實際表現之間的差距，掌握未來機會與現有狀況之間的落差，來啟動組織創新，展開一波又一波的組織變革。

由於組織並不僅僅是一群人的集合而已，也不只是人與機器的互動、工具和平臺的運用與配合，而是一群人所形成的關係網絡，包括工作任務、人員素質、組織結構，以及文化價值等關鍵因素。因而，轉型是牽一髮而動全身的，當所處環境（包括技術、市場、政策等等）發生變化時，組織即需要加以因應，甚至預應其變化，並透過變革與創新，改變有形、淺層的外部器物（Artifact）與外顯行為，再逐漸深化至無形、深層之文化價值與組織理念的改變，以進行徹底與躍進式的轉型。如同愛因斯坦說的：「除非改變思維（Thinking），否則世界不會改變。」數位與資料導向的組織轉型亦然，其

成功或失敗也端視組織文化、經營理念，及其體系之改變是否即時到位而定
（資料驅動之組織轉型的過程，如圖9-1所示）。

## 1. 組織系統的關鍵組成

　　如同圖9-1所顯示的，組織系統是由工作任務、人員素質、組織結構及
文化價值所組成的，工作任務是指為了達成組織目標，所需從事的工作內容
與工作過程，並建立各種關鍵任務之間的互依互賴與整合協作的關係，這是
工作設計的核心內容。人員素質則涉及從事各項工作之人員的才能、專長、
職能、動機及整體配置，甚至個人或組織所持有的對工作、職涯或人生發展
的心態與想法，是選才、育才、用才、留才的重要項目。組織結構是指組織
內各種群體或工作單元間的正式關係，包括各單位與部門的職掌劃分、激勵
與薪酬設計、權力結構，以及制度化後所形成的法規與管理體系，這是組織
設計的重要內容。最後，文化價值則是組織系統中常被視為理所當然的部
分，涉及組織據以成立的基本預設與哲學、成員所需遵循的基本規範與價
值、非正式的角色與權力、溝通與人際網絡，以及意義、符號及歷史傳統，
是組織設立與存續的根本理由。此四大因素是組織運作的核心部分，也是組

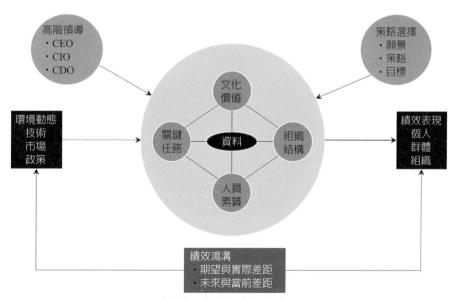

**圖9-1　資料驅動之組織轉型與變革管理**

織進行數位或資料導向轉型時所需掌握的變革管理對象。

## 2. 組織轉型與變革的促動

　　為了使組織關鍵要素能順利運作，通常會設立正式專責單位來負責，也會聘有專人負責掌理，以促進各關鍵要素之間的良好整合，齊心協力完成組織目標。同時，各單位的領導人會形成高階經營團隊，負責整個組織的願景型塑、目標訂定及策略選擇。因而，組織是否會執著於經驗法則或轉向資料驅動，必然與高階經營團隊的見識、決心及行動脫離不了關係，尤其是團隊的最高領導人，更是重要的關鍵。理由是果斷高明的決定可以化解成功的魔咒，避開失敗的陷阱。以柯達的例子而言，當數位時代來臨之際，掌握決策之領導人卻仍執著於舊有的成熟市場，而忽略了新興市場的開發，以致於未能掌握先機，進行快速轉型，並開創新局。因而，組織是否進行資料生產或消費、是否積極促進資料驅動與數位轉型，必然與領導人的遠見與決心息息相關。透過領導人的高瞻遠矚、綜觀全局、換位思考，以及立下承諾，方能選擇正確的目標，確立適合的行動策略，再逐一更新與再造組織系統的關鍵要素，啟動創新循環，進而創造永續的未來。

　　其中，領導人與最高經營團隊最需要掌握的是設立專責單位，聘請CDO，以職司資料的計畫、治理及應用，並理解當前組織目標之期望與實際的差距，以及未來與當前目標之差距等的績效鴻溝，深入考察組織的產出是否能滿足利益關係人的需求，且獲得應有的回報，以展現優異的財務表現。利益關係人需求的滿足是組織得以生存的維繫指標，而財務表現則是組織的業績指標。維繫指標含括了各類利益關係人需求的滿足，包括顧客、員工、股東、供應商，以及社會等等；而業績指標則含括了市場占有率、毛利成長、現金流路、收入成本及資本支出等等（如圖9-2所示）。這些指標的達成與否，攸關於組織是否得以存續或消亡，至於各指標之期望與實際的差異、未來與現狀之差距的精確理解，則需要透過資料的蒐集、選取及分析，以提供準確的論據，指出未來前去或變革方向，接著再規劃具體藍圖，逐步落實。這種高階領導、策略選擇，以及績效鴻溝的動態互動歷程，即是資料驅動轉型與變革管理中的要角。

## 9.2 變革管理的指標選擇與資料來源

### 1. 利益關係人導向的指標

　　既然組織目標的達成是變革的重要關鍵，則指標的選擇與測量就成了需要考慮的重點，因為清晰可靠的指標（這也是心理計量中所強調的信度與效度），不但可以讓主管或管理團隊完全理解組織目前的運作狀況，也能夠給予組織成員建設性的回饋，以尋求改善與創新。當組織以顧客、員工、股東及社會等四種利益關係人的需求滿足為主要目標時，即可列出其主要之評估指標，並加以選擇。有些指標是屬於客觀的測量，有些則是利益關係人的主觀認定，客觀指標可以從公司內外部的相關部門，如財務、會計、採購、行銷、人事、公關、交易對方、競爭對手及政府單位獲得資訊；而主觀指標則可以透過利益關係人的滿意度或相關調查來達成，有些屬於初級的一手資料，有些則是次級的二手資料。通常各類指標彼此間是互補互賴、互通有無的，而這些指標的準確乾淨與即時掌握，也是資料驅動轉型的重要核心。各類型的指標與內容如圖9-3所示。

業績指標（財務表現）
市場占有率
毛利成長
現金流路
收入
成本
資本支出

維繫指標（利害關係人）
顧客
員工
股東
社會

圖9-2　組織效能指標

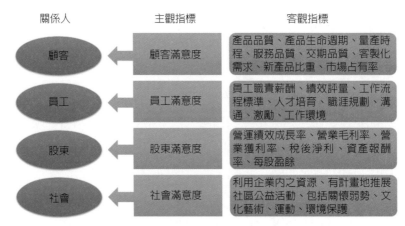

關係人　　　　　主觀指標　　　　　　客觀指標

| 顧客 | ← 顧客滿意度 | 產品品質、產品生命週期、量產時程、服務品質、交期品質、客製化需求、新產品比重、市場占有率 |
| 員工 | ← 員工滿意度 | 員工職責薪酬、績效評量、工作流程標準、人才培育、職涯規劃、溝通、激勵、工作環境 |
| 股東 | ← 股東滿意度 | 營運績效成長率、營業毛利率、營業獲利率、稅後淨利、資產報酬率、每股盈餘 |
| 社會 | ← 社會滿意度 | 利用企業內之資源、有計畫地推展社區公益活動、包括關懷弱勢、文化藝術、運動、環境保護 |

圖9-3　利益關係人導向的組織效能客觀與主觀指標

## 2. 各利益關係人指標間的整合

為了提升所有利益關係人的主客觀指標，可以運用系統化的觀點來串接指標間的關係（如圖9-4所示）。其中，外部顧客滿意應是所有指標的啟動者，當此一利益關係人滿意時，可以提升利潤與市場占有率，並讓組織有更大的成長，進而提升股東滿意，並回饋貢獻給社會與供應商，一方面成為社會的模範公民，一方面成為供應商的卓越夥伴；接著，再提升組織內部的各種環境品質，促使作為內部顧客的員工滿意變得更高，而能更進一步提供高品質的產品與服務，進而形成環環相扣的良性循環。

這種利益關係人系統，也是組織制定策略的依據與準則，並發展成日常管理（Daily Management）、機能管理（Function Management）、目標管理（Policy Management），以及創新管理活動的主要核心。誠如一些CEO所強調的：「要評估一家公司的表現是否卓越，至少必須要看四個層面，要對得起顧客、對得起員工、對得起股東，最後則要對得起社會。」任何一個組織的策略，只要中間有任何一個層面或環節出問題，就不是優秀的策略。因此，想要進行任何長期的經營活動，都要從這四個角度加以評估，不但考慮不同群體的期望與要求，也著重於彼此之間脣齒相依的關係。就組織的運作而言，此系統又以顧客與員工最為關鍵，顧客是指外部的直接客戶，為了了

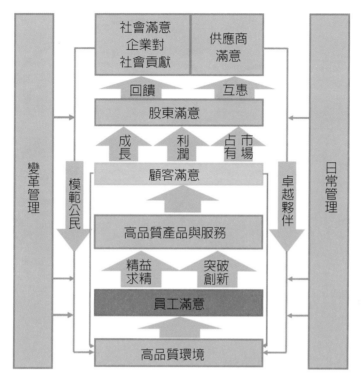

圖9-4 組織各利益關係人之滿意循環（鄭伯壎，2019）

解所提供的產品與服務是否能符合顧客需求，必須了解顧客的滿意度或使用經驗；員工則是組織內部的工作人員，是組織與組織代理人提供服務的對象，所以需要了解組織及其代理人提供的服務、獎勵及誘因是否符合員工的需要。

這樣的想法亦與哈佛大學教授瑞奇赫德與提爾（Reichheld & Teal, 2001）的理論架構不謀而合：組織存在的目的，就是為了創造利益關係人的價值，其中最主要的是為外部顧客創造價值，並提升顧客滿意，進而透過組織成長與聲譽吸引合適員工，提升員工滿意度。再透過卓越的生產力，創造績效與利潤，提高投資人滿意。當然，在整個過程中，組織也得善盡社會公民之責任，以提升組織形象與聲譽。總之，在整個利益關係人系統當中，顧客滿意是最重要的啟動引擎，並由此影響其他利益關係人的滿意度。各利益關係人的互動關係，如圖9-5所示。

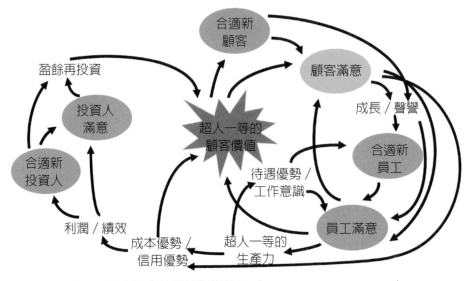

圖9-5　顧客滿意的關鍵影響效果（Reichheld & Teal, 2001）

## 3. 指標資料的測量與蒐集

　　除了二手資料的掌握，以及運用平臺來獲取資料之外，第一手資料的蒐集更是關鍵，但涉及的問題也不少，尤其是工具的發展與測量。因而，究竟要如何發展測量工具，以蒐集各類指標資料並加以分析，乃是資料驅動決策的重點之一。雖然這方面的具體作法不少，但這裡將會以組織最常見之利益關係人—顧客與員工的指標來加以說明。以顧客之績效指標而言，顧客通常是指購買產品或服務的中間或終端使用者，在行銷管理中，廠商及其內部成員需要努力滿足外部顧客的需求，方能吸引顧客購買，甚至進而提升品牌忠誠度，促使顧客一再展現重複購買行為。了解顧客對產品與服務的滿意度，並針對不符合需求的項目加以改善，是顧客滿意度調查或使用者經驗考察的主要目的。透過相關資料的蒐集，了解顧客的使用經驗與滿意程度，再針對優缺點予以處理，方可充分滿足顧客的需求。其作法是首先選擇相關顧客行為理論作為基礎，再透過諸如團體晤談或行為觀察，來掌握顧客所注重的需求面向，如產品品質、使用者經驗、價格、交貨、包裝、業務人員態度、技術支援、資訊提供，以及售後服務等等；同時，亦掌握背景不同的顧客特性

與其著重需求間的關係，以了解其中的差異，找出不同顧客的偏好，並加以滿足。

　　除此之外，為了了解組織在競爭市場上的實際位置，或是與重要競爭對手之間的差距，也可以加入標竿（Benchmark）作為比較對象，這些標竿都是市場上傑出的競爭對手，針對與彼此間的差距進行分析，並加以改善，可以拉近相互間的差距，以提升競爭優勢。納入標竿的基本想法是組織不但要提升顧客滿意度，而且還要比競爭對手更能讓顧客滿意，同時，當了解顧客心目中的最佳組織是誰、對各競爭廠商的評價為何、各廠商的競爭優勢何在時，就可以作為擬定行銷策略的參考，俾在深耕易耨之下，成為顧客的第一選擇（資料的測量與蒐集程序，如圖9-6所示）。

　　除了外部顧客之外，作為組織內部顧客的員工需求也極為關鍵，因為只有內部員工滿意公司的環境，才能夠激勵他們煥發精神，提高資料科學或相關專業知識，以敬業而有效地工作，進而提供符合外部顧客需求所需的服務與產品，因此，員工的敬業態度與組織承諾是重要的關鍵。但要提升員工的

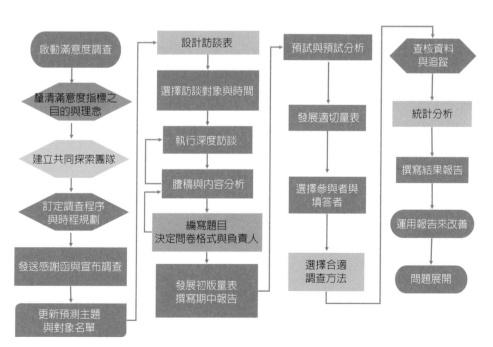

圖9-6　資料的測量與蒐集程序

敬業與士氣，公司也得提供良好的工作環境與生涯發展。這種員工對工作環境的知覺與工作氛圍，反映的是一個單位的組織氣候，而員工在此氛圍下是否願意傾其全力努力工作，就是員工士氣，至於員工需求是否獲得滿足的主觀感受，則是員工滿意度。

　　組織氣候調查探討的是員工對各種制度的觀點，來訂定工作環境改善的指標，包括單位氣氛、制度設計、溝通與激勵、員工發展、物理環境、員工福利、領導統御，以及工作負荷等。此外，員工的組織忠誠、單位承諾、工作態度，以及留職意願則是員工士氣的分析要點。這方面的作法可以採用哈佛大學沃爾頓（Walton）教授的工作生活品質（Quality of Work Life, QWL）概念來設計問卷，也可以直接從馬斯洛（Maslow）的階層需求論（Need of Hierarchy）出發，考察員工重視需求與實際狀況之間的落差，以掌握需要改善的項目。這些作法也是當前流行之組織投入（Organizational Engagement）調查的重要基礎。

　　另外，亦可從客觀層面，仔細評量組織的實際運作，如數據長或相關人員的工作職責是否擁有清晰的規範、授權工作流程之制度是否務實與流暢、是否標準化、薪酬的結構制度是否與市場水準有落差、獎勵制度之落實、員工的福利、退休制度、人才培訓、績效評量、工作環境品質、職涯規劃之意願，以及培育之步驟、員工對公司之忠誠、組織文化之認同、對主管領導風格之認知等，都可列入員工滿意度與士氣的評量分析指標。透過上述指標的掌握，即可蒐集與獲取必要之資料並加以分析，以啟動進一步的改善與變革。

## 9.3 資料的分析與問題展開

### 1. 資料的分析與方法

　　資料分析的方法很多，通常可以分為質性分析方法與量化分析方法。一般而言，開放問題的分析需要採用質性方法，包括內容分析、事例分析、紮根理論分析等等，至於數字資料，則可採用各種統計技術與量化分析方法。以滿意度的調查而言，由於同時測量實際與期望的類別，因此在進行資料分

析時，最簡單的作法是可以採用區塊分析（Zone Analysis）來進行，這是將兩個重要向度的指標（包括顧客期望需求與實際滿意）同時納入，用以劃分成不同的九個區塊。然後，再依照各題在兩個向度的得分，歸入相對的九個區塊中（如圖9-7所示）：

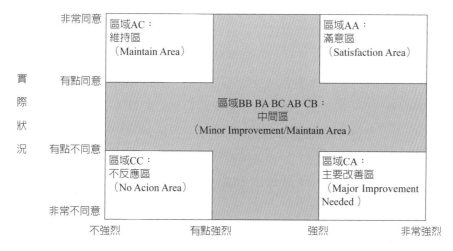

圖9-7　滿意度調查之區塊分析（鄭伯壎，2019）

AA型指的是滿意區（Satisfaction Area），顧客期待度高，實際服務情形也很好，這是應該要繼續保持的；AC型是維持區（Maintain Area），顧客期待度低，但組織已有提供服務，雖屬多餘，但可以繼續維持或予以移除；CC型是不反應區（No Action Area），顧客期待度低，組織也沒有提供什麼服務，這部分不需要特別做出反應；CA型是主要改善區（Major Improvement Needed），顧客期待度高，但組織提供服務不佳，是最需要改善的區塊，必須認真以對，分析其更深層的原因，進而針對原因加以解決或改善。至於B的部分，包括BB、BC、BA、CB及AB，則屬中間區，可以提供參考之用。

## 2. 問題展開與解決活動

在重要題項選定（如圖9-7之49、52、68）之後，就要進行真正原因的

分析，了解顧客或利益關係人不滿（例如，溝通協調不良）的主要原因何在。在具體作法上，是需要先進行發散、集思廣益，接著再收斂聚焦，因此，可以先運用腦力激盪法，採取多種角色觀點來進行思考，接著再根據相關標準來評定與分析，掌握真正關鍵要素來進行全面性的問題解決。也就是說，在掌握需要改善的題項後，一開始是先行描述問題的性質與外在徵兆，再透過討論，指出其可能的真正原因何在，是來自作業歷程、人員心態、組織制度或是文化價值使然，接著指出真正問題的關鍵來源，並提出可能的解決方案，且進行可行性、重要性及成本的評估，以選擇重要而具體的改善方案。方案選定後，亦需建立後續的測量指標來加以衡量，最後指定改善的行動計畫與專責單位。關鍵題項的選擇，除了進行區塊分析外，亦可與標竿進行比較，並評估其重要性，期能更精準掌握需要改善與解決的題項。真正原因的選擇，則可採用80／20的原則來處理，亦即當處理20%的重要原因後，即可解決80%的問題或變異。

　　關於組織內溝通協調問題的展開，可以參考表9-1的例子，這是在針對溝通協調之選項進行問題展開之後，給予各項原因所進行的評估，包括發生頻率、改善可行性、所需時間與成本以及重要性，最後，則判斷出後續追蹤、作業流程不清，以及缺乏專責單位是主要的問題來源。表9-2則呈現了溝通協調問題的解決方案，針對表9-1所指出之重要三項關鍵原因，提出解決辦法，包括建立機制、專人負責、工作流程、人員訓練以及組織設計等方案，而含括了整個組織系統的相關關鍵要素。

　　最後，則進入改善循環，因為問題的解決通常是由淺入深，由點而面，是持續不斷的過程。一般而言，從戴明循環的角度來看，滿意度的結果通常是屬於查核（Check）的部分，希望了解期望與實際之差距，再進入處置措施（Action），選擇需要改善的過程，追查問題的真正原因，啟動管理對策，擬訂組織規範，然後，再啟動下一階段的循環，進行目標規劃（Policy）與目標管理，設定目標標準與焦點對象，以及達成方法。最後，則是依照計畫目標全力實施與執行（Do），以落實與貫徹目標。從而，再進行檢核，使得改善循環環環相扣、生生不息（如圖9-8所示）。

表9-1　溝通協調的問題展開

| 議題背後真正的原因<br>（Real Causes） | 發生頻率<br>（Frequency）<br>1_10 | 改善可行性<br>（Accessibility）<br>1_10 | 改善所需時間<br>（Time Frame<br>10_1） | 改善所需成本<br>（Cost）<br>10_1 | 對議題改善之重要性（Severity To C.Y.）1.3.6.9. | Rating |
|---|---|---|---|---|---|---|
| 溝通結果有後續的追蹤來檢核當初決議事項 | 10 | 10 | 8 | 8 | 9 | 324 |
| 人員對作業流程不清楚 | 8 | 9 | 8 | 9 | 9 | 306 |
| 缺乏專責的協調單位來處理跨部門的溝通爭議 | 10 | 8 | 7 | 8 | 9 | 297 |
| 溝通時並不了解爭議的來龍去脈 | 6 | 8 | 5 | 9 | 9 | 252 |
| 溝通結果的執行沒有明確的規範 | 10 | 8 | 6 | 7 | 6 | 186 |
| 組織職責執掌不明確 | 8 | 8 | 7 | 5 | 6 | 168 |
| 全體員工對組織功能不清楚 | 7 | 9 | 6 | 5 | 6 | 162 |
| … | | | | | | |

表9-2　溝通協調問題的解決方案

| 溝通結果沒有後續的追蹤來檢核當初決議事項 | 溝通結果之會議記錄決議內容條文及數字化，逐月專人將執行結果作成報表及檢討報告，並提出下次執行的方向及內容。 |
| --- | --- |
| | 建置追蹤機制，定期針對決議事項所付委之負責對象進行成果檢討。 |
| | 會議後之決議事項，執行過程與結果應定期呈報給CEO專責幕僚，CEO專責幕僚並應排除資源問題。 |
| | 各單位溝通事項於決議後三日內彙整資料給OWNER追蹤 |
| | 清查各跨部門溝通決議須執行之事項，並於一個月內邀請各部門確認決議事項，訂定時程表追蹤評估。 |
| 人員對作業流程不清楚 | 重新界定工作流程（每項業務內容），由經辦該項業務之員工提出流程內容，再往上呈報，直至單位事業部主管整理完畢後，再由SBU主管共同協調後，公告並由研訓中心加以訓練。 |
| | 加強對各單位所反應不熟悉的流程進行講授與考核，制定簡明易懂的流程教材。 |
| | 請SBU定期做訓練，建立明確標準流程。 |
| | 加強訓練宣導，每月至少一場次宣導訓練。 |
| | 所有SBU針對其管轄業種做作業流程的教育訓練與實際操練，並於一個月內完成。 |
| 缺乏專責單位 | 組織再設計 |

## 9.4 策略形成與目標管理

### 1. 策略規劃與目標管理

　　當熟悉近程目標管理與作法之後，即可進一步與長期導向的策略管理掛鉤。通常近程之年度目標的實施，是利用流程管理來設定執行層面的目標，可是在進行年度目標的執行之前，還是得進一步思考未來的環境趨勢如何？變動快速嗎？什麼是組織的長期目標或是基本使命？組織策略到底是什麼？只有明確的策略才有明確的方向，也才能夠制定出符合組織使命與需求的目標，進而落實目標管理。

　　因此，從組織系統的角度來看，目標的設定與管理至少可以區分為三

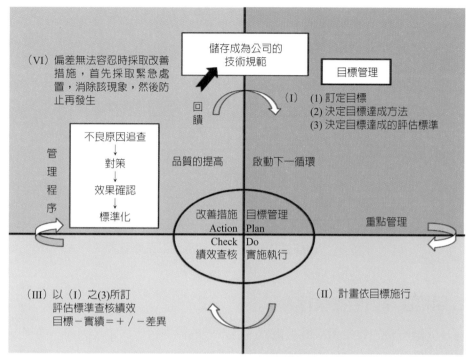

**圖9-8　問題分析與改善行動計畫的形成**

個層次，由高層至基層分別為策略規劃、目標訂定及目標展開。在「策略規劃」層次，高階經營團隊必須從組織的願景與長期經營目標來思考，進而訂出組織未來幾年的策略方向，以逐步達成組織願景與長期經營目標，並建立長期競爭優勢。完成策略規劃後，下一層次之「目標訂定」是擬訂長期企劃與各年度目標，以及各年度主要經營方向與政策。就策略規劃與目標訂定而言，較偏向計畫性考量，所以必須重視外在環境趨勢，且隨時依照所處環境中的宏觀與微觀因素變化，調整組織的目標與功能。在策略規劃與目標擬定完成後，即進入執行層面的「目標展開」層次，當年度目標宣布後，各部門將會依循年度目標，提出相對應的改善對策與計畫，並以PDCA循環進行目標展開與改善計畫。最後，策略規劃、目標訂定，以及目標展開的結果，則可以運用高階經營團隊或相關人員的診斷來加以查核，查看其落實程度與需要改善之處。策略規劃、目標擬定及目標展開的關係與過程，如圖9-9所示。

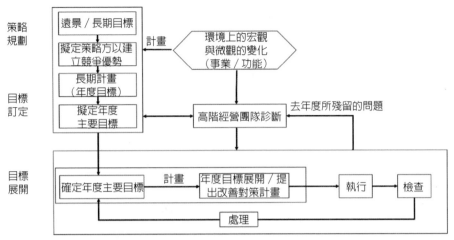

圖9-9 近程之目標管理與長期導向之策略管理

## 2. 目標展開與目標執行

　　問題解決的效果通常得視組織內各部門的協力合作而定，因而，要提升所有部門的綜效就得靠跨部門管理，也就是跨部門之間的目標管理。通常，目標管理的改善與更新大多聚焦在市場能力的提升，以提高組織的整體競爭力。透過跨部門的目標管理，指引各部門日常管理與機能管理的方向，即可促使各部門在第一時間做對事（Do The Right Thing at The First Time），於是整體效果就可以突顯出來。目標管理的主要內涵包括：第一，目標是一種調適與因應的措施，在面對外界的機會與威脅，同時考慮公司內部的優勢與弱勢之後，即可透過目標制定以提升競爭優勢；第二，這是一種建立組織目標的方法，包括組織長期目標、行動計畫及資源分配的優先順序；第三，在整體組織與各功能別的層次當中，目標是劃分管理任務的重要途徑。最後，透過目標制定與展開，來形成具有群體凝聚力、上下一體的整合模式，進而據以進行重大決策。總之，日常管理或機能管理目的在於維持現有的優勢，而目標管理的目的在於應變改善與管理變革，且達成更好、更高、更卓越的目標。

　　當年度目標制定完成之後，政策就可以從高層一層一層地展開到組織各個層次，這是縱向的部分；在橫向方面，目標能夠把各機能相關單位聯繫起來，形成一個整體，這是水平整合的部分。一個是由上而下把年度目標往下

做得徹底、垂直落實，或由下而上反應需要調整之處，另一個則是水平方向的凝聚或是橫向整合，這樣一來，才能建立組織的網絡體系，提升組織整體效能。也就是說，需要整體考慮各層面的所有問題，讓每個目標的未來方向都能夠既完整又確實。圖9-10是某電子公司IC廠目標展開的例子，每個單位與部門的目標都十分清楚，整個公司的策略與目標就像一張大網一樣，結結相扣，緊密交織在一起。總之，組織各單位要能夠合作發揮綜效，除了機能整合外，還要透過目標整合，這樣才能提升組織的整體能力與綜效。

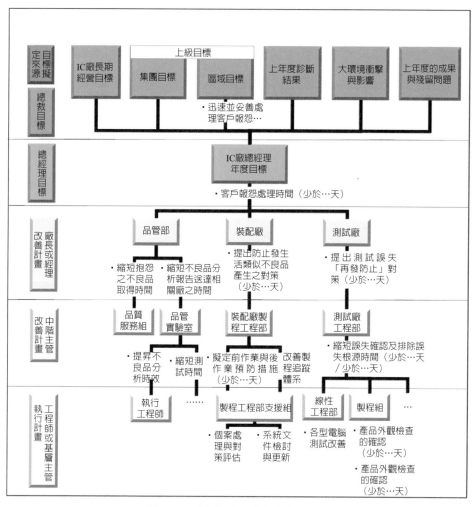

圖9-10　某公司IC廠的目標展開

## 9.5 建立有機組織與提升組織學習能力

「由於知識工作者的崛起，挑戰了所有現存的管理模式。當資訊移動的速度加快，效果普及於全世界時，組織生存的關鍵要素之一就是學習」，這是管理學大師彼得・杜拉克（Peter F. Drucker）的睿智預測。他認為個人與組織的學習能力，將是面對瞬息萬變環境下的生存之道。因而，如何促使組織與成員主動學習，如何推動組織成為學習型組織，乃成了資料驅動組織設計的重要任務。這種組織要求的是不斷自我超越，是跨疆界與跨領域的，也注重於團隊與組織的集體學習，而展現了有機體的特色，即組織是有生命的、即時反應的、快速迅捷的、互助合作的，可以馬上適應外在環境的改變，就像美國NBA職業籃球隊一般，任何一位球員在任何一個地點都可以打球、運球及投球，可以適應不同的位置，球員彼此可以互相整體配合，隨時變換不同的角色表現。

這種組織具有以下幾點特色：第一，以人為本，相信人都有積極向上的意願，努力開發潛能，臻於卓越；第二，具有整體共識，擁有共同的組織價值觀，所有力量都能朝著同一方向前進，追求共同的組織目標；第三，資料與資訊相互開放，而且完全透明，所有成員都能夠正確了解組織的經營方向，充分掌握市場脈動，並有足夠的判斷力來敏捷因應各種挑戰；第四，人與組織都可以持續不斷的學習與改善，一方面運用前瞻性與宏觀的觀點，主動回應環境變化與市場需求，一方面能精確掌握問題本質、學習面對問題，並尋求改善，精益求精，以提升因應與預應能力；第五，重視團隊合作，組織內部是上下一體的，而非切割或破碎成單一部門或單位。透過跨部門的溝通，培養出組織整體的默契與協作；第六，重視自主自律，講求公平激勵，以維繫個人、團隊及組織間的緊密關係，當賞罰嚴明，人人清楚與接納原則時，團隊與組織成員就能夠守法重紀，積極貢獻自己。

在轉型為有機組織後，個人與群體即可透過系統思考來持續學習與改善，且掌握變革管理之種種資料與指標，創造出「自然學習」的情境。當每位成員都能在共同願景下自我管理、自我超越時，即可對願景擁有共同的承諾、付出及投入。藉由員工資料的獲取，組織可以了解員工重視的需求與生

涯規劃，再有系統地納入組織的共同願景中，然後再透過縝密而具體的策略規劃、目標管理與目標展開，讓每位員工都知道如何將願景落實到每天的工作、生活及組織活動上，並逐步實現未來的想像。有關有機組織的促動因子與管理機能，如圖9-11所示。

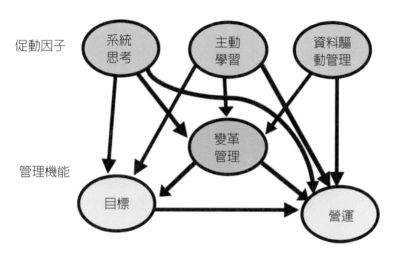

圖9-11　有機式學習型組織的促動因子與管理功能

　　扼要來說，透過資料驅動的變革，促使組織朝向有機式學習型組織行進，一方面進行系統思考，一方面主動學習，以因應未來的變化。其特點在於徹底翻轉組織，透過組織重組、再造及架構重塑（Reforming），而由高階領導人指揮之三角形金字塔式階層組織，轉向成上級支持協助之倒三角形的學習型組織。此一結構調整，強調的是強化學習的深度與廣度，而由單迴圈的基本型學習（Single Loops & Basic Learning）走向雙迴圈的適應型學習（Double Loop & Adaptive Learning），最後再進階為雙迴圈的啟發型學習（Double Loop & Generative Learning），並培養出卓越的組織能力。透過結構轉變，使得組織能夠由初步的維持生存，邁向創新突破，並改變組織文化，進而提升組織能力，展現核心才能，並在組織能力的躍升下，改變組織文化，再形塑組織學習，形成永續經營的動態歷程（如圖9-12所示）。

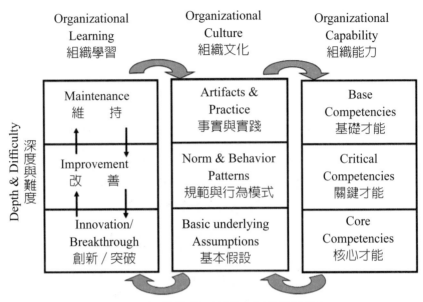

圖9-12　組織學習、組織文化及組織能力

　　總之，面對新數位經濟的興起，為了競逐大未來，組織必須朝向資料驅動轉型前進，這不僅需要掌握資料架構、形式、快速分析方法，以及整合組織資料團隊，而且得改變組織文化、價值，上下一心，採行資料驅動式管理，更新工作任務、人員素質，以及組織結構等的組織系統。雖然「路漫漫其修遠兮」，但「吾將上下而求索」，只要有決心、有毅力，進行系統思考，以及主動努力學習，前程必然可期，成功也就近在眼前！

# 第十章

# 總結

資訊科技進步神速，導致組織作業瞬息萬變，交易量大增，資料被巨量（Volume）、快速（Velocity）且多樣化（Variety）地創造，但其中大部分資料都欠缺真實性（Veracity）與價值（Value），如何駕馭組織的資料是現今大數據時代的關鍵挑戰。組織必須適應這個快速變化的資料環境，並交付高品質的資料產品才能靈活地支援其商務價值，因而產生了數據長（CDO）這個新的職務。挑戰才開始，組織馬上又面臨新的挑戰，人工智慧／機器學習、5G網路、區塊鏈、量子運算等新興科技，即將重塑資料科學研究和實務的佈局。我們希望《數據長與數據驅動型組織》這本書能成為有用的工具，提供組織部署CDO的指南，幫助組織創建CDO辦公室，並介紹CDO完成任務所需要的基本知識。

本書定下了組織建立CDO辦公室的基礎與準則，並以阿肯色州數據長的案例為實際運行的範例。本書亦包含了資料政策與策略、資料治理、資料品質問題常見的模式，以及數據長的立方體框架，這些都是基於麻省理工學院數據長與資訊品質研究計畫（MIT CDOIQ）的成果，收錄於本書的第一章至第六章。此外，本書也觸及資料分析和資料視覺化與呈現，並提出兩種數據長的工具，行動應用和響應式網頁應用，收錄於本書的第七章和第八章。另一個主題，部署變革管理與改變組織文化以增進協同合作與創新，則收錄於本書的第九章。

本書雖以美國阿肯色州數據長為主要範例，對一般企業而言仍然適用，因為一個企業集團的各個公司相當於阿肯色州的各部門，例如，第二章提到的阿肯色州設立資料驅動任務編組的方法、第三章討論的進攻性策略與防禦性策略、第四章討論的阿肯色州資料透明度審查小組的資料治理工作等

等，都是企業可以參考的範例。

　　第三章提出資料品質政策十項準則、第四章提出資料治理框架、第五章探討資料品質問題的十個根源，以及第六章討論八種CDO角色，對企業而言，都是非常有用的參考架構。建立資料之後，接下來就是分析資料。本書不只探討數據長的工作，也提出數據長完成工作所需的工具。第七章提出的行動應用工具和第八章提出的網頁應用工具，都是以組裝資料元件的方式，能快速客製資料分析應用程式，並以視覺化圖形呈現資料的工具。高階主管對資料的敏感度極高，若能隨時以視覺化的方式，呈現各種資料分析結果給高階主管，企業的資料品質必可提升。在企業轉型為資料驅動型組織的過程中，第九章提出的變革管理是至為重要的。第九章論及利益關係人的評估指標，在第七章及第八章都有程式開發的範例。第九章也討論到為了了解組織在競爭市場上的實際位置，或是與重要競爭對手之間的差距，可以加入標竿（Bench）作為比較對象，在本書第八章第8.10節和第8.11節就有實際的程式範例。數據長除了客觀指標外，尚須分析主觀指標，客觀指標就是從組織內部取得的ERP資料，以及從組織外部取得的開放資料，主觀指標是利用市場調查或問卷直接從顧客取得的資料，例如滿意度。主觀指標的資料分析須以質性分析或量化分析的方法來彰顯組織面臨的問題，本書第九章也多所著墨。本書希望透過數據長的建置，企業能轉型為數據驅動型組織，讓企業能對得起顧客、員工、股東和社會。

　　我們正見證著一個快速演進的領域，其中數據長的角色和責任也一直不斷地被定義與被重新定義，以符合這個資料驅動時代的挑戰。很明顯的，還有許多需要被觸及的主題，例如：

．建立資料管理、使用、分析的標竿基準

．衡量CDO的成功

．建立人工智慧／機器學習，例如深度學習的模型

以上主題將收錄於《數據長與數據驅動型組織》第二冊。

# 行動應用程式範例：庫存查詢
## （低碼，Low-Code）

　　第七章7.3節說明如何透過參數設定產生APP，讀者或許會想知道為什麼不需要寫程式也能做出行動應用。本節以一樣的庫存查詢為例，但不透過參數設定，來說明程式的原理，不需要了解程式原理的讀者可略過。本範例程式的原始碼檔名為QueryInventory.aia。從本範例的畫面設計（Designer）可看出完全沒有參數設定（Display hidden components in Viewer有打勾，但看不到黃底參數設定區），且無多餘的畫面元件，如下：

---

註：若需原始程式碼，可洽作者葉宏謨教授（yeh@mail.lancer.com.tw）。

## A.1　初始化程式

如同範例一設定篩選器上的清單選擇器，本範例直接以程式來初始化倉庫和產品的清單選擇器，如下圖：

初始化本APP後先初始化倉庫，呼叫「倉庫查詢」服務（或任何服務），須使用網頁（Web）元件，本例為Web_InitializeWarehouse。先設網頁Url再呼叫Get。在Url中編輯輸入條件（複製服務文件的PARAMETER，如ENTITYID），並指定服務元件群（UC_CORE_WAREHOUSE）和服務元件代號（QRYWAREHOUSE）：

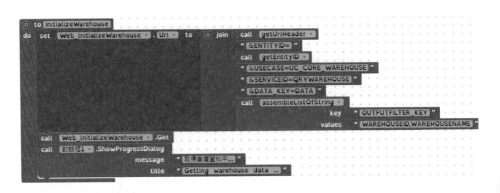

網頁Get完後會有GotText，可取得回傳的倉庫串列（List）：

把回傳的倉庫清單（List），放進二個倉庫清單選擇器（ListPicker_MINWAREHOUSEID, ListPicker_MAXWAREHOUSEID）中，再用相同方法呼叫件號查詢服務（網頁元件為Web_InitializeItem），輸入服務元件群（UC_CORE_ITEM）和服務元件代號（QRYITEM）取得件號的清單，放進二個產品清單選擇器（ListPicker_MINITEMID, ListPicker_MAXITEMID）中。注意，一定要在上一個服務（倉庫查詢）成功回傳資料後，才能呼叫下一個服務（件號查詢）。所以，本例的初始化件號Web_InitializeItem的Url設定和Get執行是放在初始化倉庫Web_InitializeWarehouse的GotText裡面。

## A.2　查詢程式

在篩選器下完條件按「查詢」鈕，可以得到查詢的結果。網頁元件為Web_QryService，先設Url，再執行Get。「查詢」鈕的程式如下：

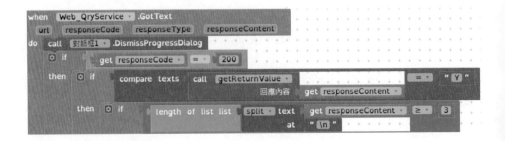

呼叫服務的方法和上一節篩選器元件初始化一樣，只是多了分頁
（Paging）的處理。因為查詢出來的庫存可能很多，故組Url的時候加了分頁
的功能。如下：

上圖最末行文字即自服務文件複製貼上，告訴服務需要回傳至手機的欄
位。組完Url執行完Get後，可得到服務元件的回傳資料GotText：

　　GotText回傳資料中的responseContent用「\n」即跳行（New Line）隔開，第一段為說明，第二段為回傳的服務輸出欄位，第三段以後為對應服務輸出欄位的回傳資料，如下：

Y,查詢成功《庫存共用元件維護》,6,2,30,-1 \n

WAREHOUSEID,ITEMID,ITEMNAME,INVENTORYQUANTITY,RESERVATIONQUANTITY,AVAILABLEINVENTORY \n

R14,0001,波羅麵包,933.00,0.00,933.00 \n

R14,0002,冰淇淋,4.00,0.00,4.00

　　下圖先找到第三段資料開始位置，然後從開始位置至最後位置截取資料字串（detailDataString），在資料字串之前加上網址（http://140.136.155.10.../teble.html?）和表頭文字（和資料字串間須有\n），傳給網頁瀏覽元件WebViewer_ViewTable執行GoToUrl就可呈現報表。

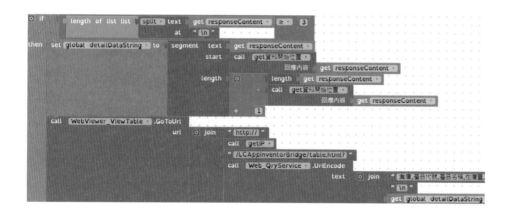

　　網址中的table.html是表格的格式，可以自定，放在指定的網址中即可呈現輸出表格。

# 網頁應用之圖形程式：產品MtdYtd 客戶銷售數量金額（Low-Code）

第八章之8.5節敘述了「產品MtdYtd客戶銷售數量金額」的外加圖形，本附錄說明其程式碼。

## B.1 View圖形程式碼

View圖形程式碼加在BrMtdYtdCustSoQtyAmtByItemView.zul中，如下：

```
<include src="/lcViewTemplate/RunEudBrView.zul"/>
<charts type="pie" model="@bind(vm.pieModelYtdCustAmt)"/>
<charts type="column" model="@bind(vm.categoryModelYtdItemCustAmt)"/>
<charts type="pie" model="@bind(vm.pieModelMtdCustAmt)"/>
<charts type="bar" model="@bind(vm.categoryModelMtdItemCustAmt)"/>
```

第一行的<include>為原本的程式碼，在它的下面加入四個圖形，其model的內容在ViewModel中設定。

## B.2 ViewModel圖形程式碼

在BrMtdYtdCustSoQtyAmtByItemViewModel.java中，設定圖形的模型變數如下：

---

註：若需原始程式碼，可洽作者葉宏謨教授（yeh@mail.lancer.com.tw）。

```
PieModel pieModelYtdCustQty = new DefaultPieModel();
PieModel pieModelYtdCustAmt = new DefaultPieModel();
CategoryModel categoryModelMtdCustQty = new DefaultCategoryModel();
CategoryModel categoryModelYtdCustAmt = new DefaultCategoryModel();
```

並實作父類別的抽象方法batchOp1()，如下：

```
@NotifyChange({"pieModelYtdCustAmt","pieModelYtdCustQty","categoryMod
elYtdCustAmt","categoryModelMtdCustQty"})
public void batchOp1() {
    HashMap totalMap = (HashMap)statList.get(statList.size()-1);
    pieModelYtdCustAmt = obtainPieModelYtdCustAmt(totalMap);
    pieModelYtdCustQty = obtainPieModelYtdCustQty(totalMap);
    categoryModelYtdCustAmt = obtainCategoryModelYtdCustAmt(statList);
    categoryModelMtdCustQty = obtainCategoryModelMtdCustQty(statList);
}
```

totalMap是統計表格之最下一列，即總計，用來畫圓餅圖。statList是統計表的內容，用來畫長條圖。batchOp1是畫面上的一個按鈕，按下後即產生四個圖形。

上述方法呼叫了另外四個方法，如下：

```
private PieModel obtainPieModelYtdCustAmt(HashMap totalMap)
{
    PieModel model = new DefaultPieModel();
    for (String seriesKeyValue:seriesKeyValues)
    {
        model.setValue(seriesKeyValue+"_"+getCustomerName(seriesKeyVal
        ue), new BigDecimal((Double)totalMap.get
        ("YTD_"+seriesKeyValue+"_SODETAILORDERAMOUNT")));
    }
    return model;
}

private PieModel obtainPieModelYtdCustQty(HashMap totalMap)
{
    PieModel model = new DefaultPieModel();
    for (String seriesKeyValue:seriesKeyValues)
    {
        model.setValue(seriesKeyValue+"_"+getCustomerName
        (seriesKeyValue), new BigDecimal((Double)totalMap.get
        ("YTD_"+seriesKeyValue+"_ORDERQUANTITY")));
    }
    return model;
}
```

```
private CategoryModel obtainCategoryModelYtdCustAmt(List<Map> statList)
{
    CategoryModel model = new DefaultCategoryModel();
    for (int j=0; j<statList.size()-1; j++)//to skip total
    {
        for (String seriesKeyValue:seriesKeyValues)
        {
            BigDecimal dataPointValue = new BigDecimal((Double)
            statList.get(j).get("YTD_"+seriesKeyValue+"_"+serviceNumer
            icKeys[1]));
            String groupValue=(String)statList.get(j).get("groupKey");
            model.setValue(seriesKeyValue+"_"+getCustomerName
            (seriesKeyValue), groupValue, dataPointValue);
        }
    }
    return model;
}

private CategoryModel obtainCategoryModelMtdCustQty(List<Map> statList)
{
    CategoryModel model = new DefaultCategoryModel();
    for (int j=0; j<statList.size()-1; j++)
    {
        for (String seriesKeyValue:seriesKeyValues)
        {
            BigDecimal dataPointValue = new BigDecimal((Double)
            statList.get(j).get("MTD_"+seriesKeyValue+"_"+serviceNumeri
            cKeys[0]));
            String groupValue=(String)statList.get(j).get("groupKey");
            model.setValue(seriesKeyValue+"_"+getCustomerName(seriesKey
            Value), groupValue, dataPointValue);
        }
    }
    return model;
}
```

## B.3　執行結果

執行結果如下：

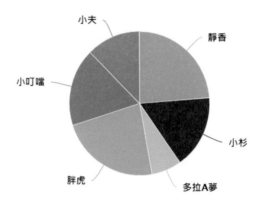

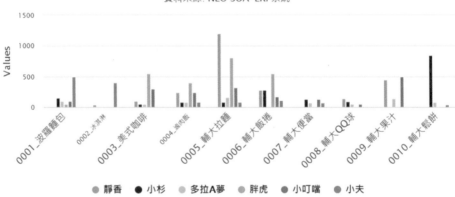

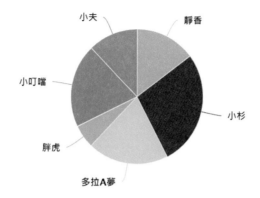

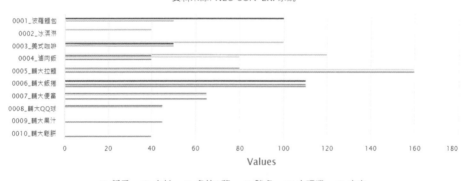

# 詞彙翻譯對照表

Data：數據、資料

Data-Driven：數據驅動、資料驅動

Policy：政策

Strategy：策略

Quality：品質

Document：文件（名詞），文件化
（動詞）

Information：資訊

Operations：營運

Effectiveness：有效性

Organization：組織

Initiative：措施

Business ：商務

Agenda：工作事項

Executives：高階主管

Alignment (or is aligned with)：對
齊、並列

Misalignment：對位不準

Data Architecture：資料架構

Enterprise Architecture：企業架構

Metadata：詮釋資料

Constant：不變常理

Access：存取

Business process：商務流程

Discipline：專業領域

Field：欄位

Computerized：電腦化

Patches：修補

Text：文字

Algorithm：演算法

Distributed Heterogeneous Systems：
分散式異質系統

HMO：健保組織

Stakeholder：利益關係人

Audit：稽核

# 索　引

「內容全面、邏輯清晰、內容聚焦，

這是2019年推薦必讀的一本書。

它引領讀者深入縱觀CDO的職責，

了解CDO作爲企業高管角色的實踐前沿。

我推薦此書給專家、初學者和各領域的執行者們，

透過本書全面了解CDO這一常常被誤解的角色。」


—— 強納森・威廉斯

企業資料治理經理暨AdventHealth數據長

國家圖書館出版品預行編目資料

數據長與數據驅動型組織：擁抱大數據時代的
衝擊／葉宏謨，鄭伯壎，王盈裕著. －－初
版.－－臺北市：五南圖書出版股份有限公
司，2021.11
　面；　公分
ISBN 978-626-317-302-6（平裝）

1.企業管理　2.資料處理

494　　　　　　　　　　　110017457

1B2B

# 數據長與數據驅動型組織：
## 擁抱大數據時代的衝擊

作　　　者 ─ 葉宏謨（324.7）、鄭伯壎、王盈裕

發 行 人 ─ 楊榮川

總 經 理 ─ 楊士清

總 編 輯 ─ 楊秀麗

副總編輯 ─ 王俐文

責任編輯 ─ 金明芬

封面設計 ─ 姚孝慈

出 版 者 ─ 五南圖書出版股份有限公司

地　　　址：106臺北市大安區和平東路二段339號4樓

電　　　話：(02)2705-5066　　傳　　真：(02)2706-6100

網　　　址：https://www.wunan.com.tw

電子郵件：wunan@wunan.com.tw

劃撥帳號：01068953

戶　　　名：五南圖書出版股份有限公司

法律顧問　林勝安律師事務所　林勝安律師

出版日期　2021年11月初版一刷

定　　　價　新臺幣450元

# 經典永恆・名著常在

## 五十週年的獻禮 —— 經典名著文庫

五南，五十年了，半個世紀，人生旅程的一大半，走過來了。

思索著，邁向百年的未來歷程，能為知識界、文化學術界作些什麼？

在速食文化的生態下，有什麼值得讓人雋永品味的？

歷代經典・當今名著，經過時間的洗禮，千錘百鍊，流傳至今，光芒耀人；

不僅使我們能領悟前人的智慧，同時也增深加廣我們思考的深度與視野。

我們決心投入巨資，有計畫的系統梳選，成立「經典名著文庫」，

希望收入古今中外思想性的、充滿睿智與獨見的經典、名著。

這是一項理想性的、永續性的巨大出版工程。

不在意讀者的眾寡，只考慮它的學術價值，力求完整展現先哲思想的軌跡；

為知識界開啟一片智慧之窗，營造一座百花綻放的世界文明公園，

任君遨遊、取菁吸蜜、嘉惠學子！